Die Struktur von Raum und Zeit

Universität der Bundeswehr München
Fakultät für Elektrotechnik und Informationstechnik
Institut für Physik

Die Struktur von Raum und Zeit, abgeleitet vom v. Klitzing´s Quanten-Hall-Effekt, Galilei´s Weg-Zeit-Gesetz der Bewegung, Wien´schen Verschiebungsgesetz und Avogadro-Loschmidt Gesetz,

und die Interpretation der Wärme

Gerhard Dorda

E-mail: Gerhard.Dorda@unibw.de

München, 15. November 2016

Bibliografische Information der Deutschen Nationalbibliothek
Die Deutsche Nationalbibliothek verzeichnet diese Publikation in der Deutschen Nationalbibliografie; detaillierte bibliografische Daten sind im Internet über http://dnb.d-nb.de abrufbar.
1. Aufl. - Göttingen: Cuvillier, 2016

Nonnenstieg 8, 37075 Göttingen
Telefon: 0551-54724-0
Telefax: 0551-54724-21
www.cuvillier.de

1. Auflage, 2016
Gedruckt auf umweltfreundlichem, säurefreiem Papier aus nachhaltiger Forstwirtschaft.

ISBN 978-3-7369-9388-4
eISBN 978-3-7369-8388-5

Inhaltsverzeichnis

Zusammenfassung, Summary **5**

Einführung: Die Atom-Masse unabhängigen Phänomene und die Folgerungen über Raum und Zeit ***9***

Teil I *11*

Die Analyse des Quanten-*Hall*-Effektes **11**

1. **Einleitung** **11**
2. **Der Zusammenhang zwischen dem dritten *Kepler*'schen Gesetz und dem QHE** **13**
3. **Die Folgen der Transformation (10a) mit (10b)** **18**
4. **Die Temperaturabhängigkeit des QHE aus der Sicht der Wärmestrahlungsphänomene** **22**
5. **Analyse der Elektronenzustände bei der Quantenzahl i_{crit} und deren Randbedingungen** **27**
6. **Die Bestätigung des QHE-Temperaturmodells anhand experimenteller Daten** **30**
7. **Schlussfolgerungen des *Teils I*** ***31***

Teil II *37*

Die Pendelbewegung und die begrenzte Möglichkeit der Zeitbestimmung **37**

1. **Einleitung** **37**
2. **Die theoretische Analyse der Pendelbewegung** **38**
3. **Experimentelle Erkenntnisse** **42**
4. **Analyse und Diskussion zur längenmäßigen Limitierung des Pendelzeit-Effektes** **43**
5. **Die Aussagekraft des *Foucault*'schen Pendeleffektes** **48**
6. **Abschließende Bemerkungen** **49**

Teil III *51*

Die raumbezogene Beschreibung der spektralen Strahlung, der Thermodynamik und des *Avogadro-Loschmidt*-Gesetzes **51**

1. **Einleitung** **51**
2. **Die Konsequenzen der neuartigen Beschreibung der Wärmeeffekte** **53**
3. **Die Analyse der Wärmeenergie-Raum-Kopplung** **63**
4. **Die neuartige, quantisierte Beschreibung der auf ideale Gase bezogenen Thermodynamik** **66**
5. **Die theoretische Formulierung der *Loschmidt*-Anzahl N_L** **70**
6. **Die Applikation der N_L-Anzahl auf die neuartige Beschreibung der Thermodynamik und der Vergleich mit den Gegebenheiten der Erdatmosphäre** **74**
7. **Experimentelle Erkenntnisse** **76**
8. **Diskussion zum Modell der Vereinheitlichung zwischen der klassischen Thermodynamik und der neuen, quantisierten Beschreibung der Wärmeprozesse** **77**
9. **Schlussfolgerungen** **79**

Teil IV *83*

Das Wesen der Kategorie „Wärme“ und die Aussagen über den Kosmos **83**

Danksagung **88**

Zusammenfassung

Es wird gezeigt, dass die Material-, d.h. Atommasse-Unabhängigkeit, beobachtet beim v. Klitzing's Quanten-Hall-Effekt, beim Galilei-Pendel-Bewegungs-Effekt, bei den Wärme-Strahlungseffekten und beim Avogadro-Loschmidt-Effekt, es möglich macht, unerwartete Aussagen über die Struktur von Raum und Zeit offenzulegen, gefolgt von einer neuartigen Interpretation der Wärme.

Der Quanten-Hall-Effekt (QHE) wird im Teil I einer ausführlichen Analyse unterzogen. Ausgehend vom Modell der Vereinheitlichung der Elektrizität mit der Gravitation wird gezeigt, dass der QHE mit der Temperatur kausal verknüpft ist. Diese Feststellung wird anhand experimenteller Daten verifiziert. Die ausführliche Deutung des QHE offenbart eine Differenzierung des drei-dimensionalen Raumes, bezogen einerseits auf die Ein-Dimensionalität der Gravitation und andererseits, im kausalen Fall, auf die Zwei-Dimensionalität der Elektrizität. Es wird gezeigt, dass diese Differenzierung den experimentell vorgefundenen Unterschied zwischen einer an die Elektronmasse gebundene Lokalität und einer ortsunabhängigen Wellenstruktur der Elektrizität wiederspiegelt. Der Wert der Limit-Temperatur des QHE wird als Resultat des örtlichen Gravitationspotentials aufgezeigt. Die Wahlfreiheit des Wertes der Lichtgeschwindigkeit c wird begründet und die von Albert Einstein postulierte Zeitablaufvariabilität Anhand des präsentierten Modells auf einfache Weise beschrieben und experimentell verifiziert.

Im Teil II wird der Vorgang der Pendelbewegung analysiert. Es wird die Analogie dieses gravitativ bedingten Pendelbewegung-Prozesses mit dem elektromagnetisch bedingten QHE dargelegt. Ausgehend von der Möglichkeit der Aufteilung der Funktionalität des drei-dimensionalen Raumes in eine Ein-Dimensionalität und eine Zwei-Dimensionalität wird theoretisch und experimentell gezeigt, dass in Abhängigkeit von der örtlichen Stärke des gravitativen Feldes eine kritische Minimallänge des Pendels vorgegeben ist, unterhalb deren Länge die Bestimmung der Zeit mittels der Pendelbewegung experimentell nicht möglich ist. Es wird demonstriert, dass die Lichtgeschwindigkeit c wirksam ist als begrenzender Faktor zwischen den beiden fundamental unterschiedlichen Funktionalität-Zuständigkeiten des dreidimensionalen Raumes. Die Form des

Lokalisationsfaktors wird definiert. Der Hintergrund des Foucault'schen Pendel-Effektes wird erläutert. Die Erkenntnisse aus dem Teil I und dem Teil II über die Kategorien „Raum" und „Zeit" werden zusammengefasst zur Diskussion vorgelegt.

Im Teil III werden die Wärmephänomene einer umfangreichen Analyse unterzogen, um die im Teil I dokumentierte Abhängigkeit der Quantenwerte des QHE von der Temperatur deuten zu können. Die Verknüpfung zwischen der Temperaturstrahlung und dem drei-dimensionalen Raum wird anhand des Rayleigh-Jeans- und Wien'schen-Strahlungsgesetzes dargelegt. Der funktionelle Zusammenhang zwischen dem Wien'schen Verschiebungsgesetz, dem Kausalitätsfaktor und dem Kausalitäts-Reduktionsfaktor, wirksam in Form der Feinstrukturkonstante in Form von 2α *, wird beschrieben. Es wird die Verbindung der Temperaturstrahlung mit der klassischen Thermodynamik erläutert. Ausgehend von der Annahme* $T = [m^{-1}]$ *wird der Hintergrund des Avogadro-gesetzes anhand der theoretischen Beschreibung der Loschmidt-Anzahl* N_L *erfolgreich und überzeugend offengelegt, demonstrierend, dass dieser Teilchen-Anzahl-Zustand auf dem kausalen Zusammenhang zwischen dem drei-dimensionalen Raum und der Wärmenergie beruht. Es wird darauf hingewiesen, dass die Existenz komplexen organischen Lebens zurückgeführt werden kann auf den Erd-bezogenen Wert der Volumen normierten Loschmidt-Anzahl* N_L*.*

Im Teil IV wird gezeigt, dass die Gegenüberstellung der aus den Teilen I, II und III gewonnenen Erkenntnisse über die Struktur des drei-dimensionalen Raumes zu einer Hypothese über das Wesen der Kategorie „Wärme" führt, wonach die Wärme – im Gegensatz zur Gravitation und zur Elektrizität – ein mit der Drei-Dimensionalität des Raumes kausal verknüpftes Phänomen ist, dokumentiert anhand der Wärmeenergie-dreidimensionale Raum-Kopplungsgleichung σ_T *.*

Auf der Basis des Zusammenhangs dreier dimensionsloser, irrationaler Zahlen, d.h. der Feinstruktur-Konstante α *, der Kausalitätszahl* $const._{caus.}$ *und der Wien'schen Verschiebungs-Konstante* $\lambda_{\max}T$ *, wird die Vermutung geäußert, dass die Verbindung der Masse-, Raum- und Zeit-Strukturen auf diese drei irrationale Zahlen zurückgeführt werden kann. Der transzendente, d.h. metaphysische Charakter dieser drei Zahlen, auf welchem das Sein des Universums beruht, wird hervorgehoben.*

Summary

The structure of space and time,
deduced from the Quantum-Hall-Effect of v. Klitzing, from the path-time law of Galilei, from the displacement constant of Wien and from the Avogadro-Loschmidt law, and the interpretation of heat.

It is shown that the independence of material, i.e. of atomic mass, observed at the Quantum-Hall-Effect (QHE) of v. Klitzing, at the effect of motion of Galilei's pendulum, at the radiation of heat and at the Avogadro-Loschmidt effect, enables to disclose unforeseen findings about the structure of space and time, followed by a novel interpretation of heat.

In the Part I of the paper the Quantum-Hall-Effect (QHE) is analyzed comprehensively. Starting from the model of unification of electricity with gravity it is shown that the QHE is connected causally with the temperature. This observation is verified by experimental data. The detailed interpretation of the QHE discloses a differentiation of the three-dimensional space, related on the one side to the one-dimensionality of gravity, and on the other side, at the causal case, to the two-dimensionality of the electromagnetism. It is shown that this differentiation reflects the experimentally observed distinction between an electron mass-related locality and a wave structure of electricity without relation to the space. The value of the limit temperature of QHE is described as a result of the local gravitational potential. The option of the value of velocity of light c is explained on the basis of the presented model. The variety of lapse of time, postulated by A. Einstein, is simply disclosed by the hereby proposed gravitational potential; this model is verified by experimental data.

The process of motion of pendulum is analyzed in Part II. The analogy of the gravity dependent motion of pendulum with the electromagnetically determined QHE is pointed out. Based on the possibility to subdivide the space into a one- and a two-dimension state it is shown theoretically and experimentally that for the observation of time a minimal length of pendulum is needed, depending upon the local gravitational field. It is demonstrated that the velocity of light c *is the limiting factor effective between the two possible states of the pendulum reflecting the two space states. The form of the localization factor is disclosed. The background of the Foucault's pendulum-effect is elucidated. The findings about the categories "space" and "time" shown in Part I and Part II are compared for discussion.*

In Part III an extensive analysis of heat phenomena is presented to explain the dependence of the QHE on temperature, documented in Part I. The connection between the thermal radiation and the three-dimensional space is disclosed on the basis of the Rayleigh-Jeans- and Wien's- radiation laws. The functional connection between the fine-structure constant in form of 2α *, the causality factor* $const._{caus.}$ *and the displacement constant* $\lambda_{max}T$ *is shown. The relation of the thermal radiation to thermodynamics is described. Starting from the assumption* $T = [m^{-1}]$*, the background of the Avogadro-law is disclosed by the successful and conclusive theoretical representation of the Loschmidt quantum number* N_L*. It is shown that the physical state of* N_L *is the result of the causal connection between three-dimensional space and heat energy. It is pointed out the existence of complex organic life traces to the volume standardized Loschmidt quantum number* N_L *of Earth.*

The Part IV shows that the comparison of the results of Parts I – III, referred to the description of the structure of the three-dimensional space, yields a hypothesis about the substance of heat, demonstrating – seen in analogy to gravity and electricity – that heat is a phenomenon connected causally with the three-dimensionality of space. This phenomenon is described by the heat – three-dimensional space – equation σ_T.

Based on the observed connection between three dimensionless numbers, i.e. the fine-structure constant α *, the factor of causality* $const._{caus.}$ *and the displacement constant of Wien* $\lambda_{max}T$ *, the connection between the categories "mass", "space" and "time", representing the being of the universe, is deduced. The metaphysical or rather theological significance of the transcendental character of these three dimensionless universal numbers is emphasized.*

Einführung

Der Quanten-*Hall*-Effekt (QHE), die Pendel-Zeitbestimmungsmethode, die ***Wien'***schen- und ***Rayleigh-Jeans***-Strahlungsgesetze, wie auch das ***Avogadro-Loschmidt*** Gesetz sind Material-unabhängige Phänomene. Das bedeutet, dass alle diese experimentell erkundeten Gegebenheiten sind nicht Atom-Masse-relevant, d.h. sie sind nicht funktionell an atomare Masse-Werte gebunden. Das Anliegen dieser Arbeit ist den Hintergrund dieser Besonderheit ausfindig zu machen.

Im *Teil I* werden zunächst die experimentell beobachteten Eigentümlichkeiten des von ***Klaus von Klitzing*** (1943*) entdeckten Quanten-Hall-Effektes (QHE) ausführlich beschrieben und erfolgreich gedeutet. Die neuartige Deutung führt zu der Hypothese, dass der drei-dimensionale Raum strukturiert sein dürfte. Um das Deutungsmodell der Struktur von Raum verifizieren zu können, werden im *Teil II* die Randbedingungen der anhand von Pendelbewegungen erfolgten Bestimmung der Zeit wie auch deren bei kleinen Pendellängen auftretenden Limitierung sowohl theoretisch als auch experimentell untersucht. Eine ausschlaggebende Rolle spielt bei deren Analyse die seit ***Galileo Galilei*** (1564 – 1652) bekannte Tatsache, dass die Masse des Pendels bei der Zeitbestimmung keine Bedeutung hat. Die aussagekräftigen Resultate des Vergleichs der QHE-Phänomene mit den Phänomenen der Zeitbestimmung mittels der Pendelbewegung werden im *Teil II*, Kapitel 4, zusammengefasst offengelegt, begründend weiterhin die Annahme, dass der drei-dimensionale Raum strukturiert ist, beruhend auf der Dualität des Elektrons, reflektierend die Welle-Lokalisation-Differenzierung.

Ausgehend von der Analyse der spektralen Strahlungseffekte und der Wärmephänomene werden im *Teil III* die Randbedingungen für die Existenz des ***Avogadro***-Gesetzes und der ***Loschmidt***-Zahl, die Atom-Masse-unabhängig sind, dargelegt. Es wird gezeigt, dass die Gegenüberstellung des QHE, der Pendelbewegung und der

Temperaturstrahlungsgesetze, inklusive des *Wien'schen Verschiebungsgesetzes* und des *Avogadro-Loschmidt*-Gesetzes, es erlaubt, den drei-dimensionalen Raum als ein Wärme-bezogenes Phänomen zu interpretieren, gegeben durch die Wechselwirkung zwischen der Elektrizität und der Gravitation. Im Abschluss der vorgelegten Raum-Zeit-Analysen wird die Hypothese geäußert, dass die *Rayleigh-Jeans*-Strahlungseffekte als Basis für die gravitativ-bedingte, kausal zu betrachtende Statik und die *Wien*'schen Strahlungseffekte als der Hintergrund für die Wahrscheinlichkeits-relevante Dynamik im Kosmos zu interpretieren sind.

Teil I

Die Analyse des Quanten-*Hall*-Effektes

1. Einleitung

Der Quanten-Hall-Effekt (QHE), bekannt auch als Integraler Quanten-*Hall*-Effekt (IQHE), wurde erstmals an *Si*-MOS-FETs von ***K. v. Klitzing*** et al. 1980 entdeckt [1]. An $GaAs/Al_xGa_{1-x}As$ Heterostrukturen wurde von *D. C. Tsui* et al. 1983 nicht nur der IQHE, sondern erstmals auch der Fraktionierte Quanten-*Hall*-Effekt (FQHE) beobachtet [2]. Die Beobachtung der Quantisierung des Hall-Effektes bei tiefen Temperaturen sowohl an *Si* als auch an *GaAs* und anderen Halbleitern zeigt eindeutig, dass es sich bei diesem Phänomen um einen Material-, d.h. Atom-Masse-unabhängigen Effekt handelt. Diese bedeutsame Erkenntnis hatte zur Folge, dass, wie im *Teil II* und *III* beschrieben, Untersuchungen weiterer Atom-Masse-unabhängiger Phänomene nicht nur zur näheren Erläuterung des QHE führen, sondern ermöglichen sogar ein besseres Verständnis von Raum und Zeit.

Die Besonderheit des QHE beruht auf der makroskopischen Quantisierung des *Hall*-Widerstandes R_H, gegeben durch

$$R_H = \frac{1}{i}\frac{h}{e^2} \quad , \tag{1}$$

wobei h die Planck-Konstante, e die Ladung des Elektrons und i eine Quantenzahl ist. Die Hall-Spannung V_H, die zu der Entdeckung des QHE führte, ist gegeben durch

$$V_H = \frac{B \ I_{SD}}{e \ N_e} = \frac{h \ I_{SD}}{e^2 \ S_B \ N_e} = R_H \ I_{SD} \ . \qquad (2)$$

Hier sind B das auf die Probenoberfläche senkrecht gerichtete Magnetfeld, S_B die auf das Fluxquantum *h/e* bezogene zweidimensionale Absorptionsfläche des Magnetfeldes *B*, I_{SD} der zwischen den Kontakten, d.h. zwischen Source und Drain, angelegte elektrische Strom, und N_e die zweidimensionale Elektronendichte an der Probenoberfläche, hervorgerufen bei *Si*-MOSFETs durch die kapazitiv angelegte Gate-Spannung V_G , dagegen bei den $GaAs/Al_xGa_{1-x}As$ Heterostrukturen durch die *Al*-Dotierung in der $Al_xGa_{1-x}As$-Schicht oberhalb der *GaAs*-Schicht [1 - 3]. Die bei dem QHE experimentell beobachtete Quantenzahl i ist im Einklang mit (1) gegeben durch

$$i = S_B \ N_e \ . \qquad (3)$$

Das bedeutet, dass die Quantenzahl i , die beim IQHE eine ganzzahlige Zahl ist, eine zwei-dimensionale Flächenrelation zwischen der dem Magnetfeld zugehörigen Dichte der Fluxquanten $\Phi = h/e$, gegeben durch S_B , und der induzierten Elektronendichte N_e angibt. Beim FQHE ist die Zahl i gegeben durch $i = p/q$, wobei p und q ganzzahlige Zahlen sind.

Die experimentellen Daten offenbaren, dass der QHE nicht nur von der Größe des angelegten Magnetfeldes B, der zwei-dimensionalen Elektronendichte N_e und dem elektrischen Strom I_{SD} abhängig ist, sondern in gleicher Weise auch von der Temperatur der Messprobe. Diese Tatsache wird mittels der Gleichung (2) nicht erfasst. Dieser Mangel kann aufgrund der im *Teil III* dargelegten Beschreibung der Wärmeprozesse, der Temperatur und im Speziellen der Wärmestrahlung behoben werden. Die Berücksichtigung der

Temperatur der Messproben als wesentliche Randbedingung des QHE führt, wie in dieser Arbeit gezeigt wird, zur vollständigen Deutung des QHE. Zunächst ist es aber notwendig, die Verbindung zwischen der Gleichung (2) des QHE und dem dritten *Kepler'*schen Gesetz, d.h. zwischen der Elektrizität und der Gravitation, aufzuzeigen.

2. Der Zusammenhang zwischen dem dritten *Kepler'*schen Gesetz und dem QHE

Das dritte *Kepler'*sche Gesetz ist gegeben durch

$$\left(\frac{T_y}{2\pi}\right)^2 = t_{G,y}^2 = \frac{R_{G,y}^3}{G\ M_{G,y}} \quad . \tag{4}$$

Hier ist $R_{G,y}$ die durchschnittliche Distanz zwischen dem Zentrum und der Oberfläche des Himmelskörpers der Masse $M_{G,y}$, die zyklische Umlaufzeit an dessen Oberfläche ist durch T_y angegeben, $t_{G,y}$ ist die entsprechende effektive Umlaufzeit und G die Gravitationskonstante, gegeben durch [4]

$$G = \frac{L}{M} c^2 = 6.673 \times 10^{-11}\ [kg^{-1} m^3 s^{-2}] \quad , \tag{5}$$

wobei c die Lichtgeschwindigkeit, $M = 5.456 \times 10^{-8}\ kg$ die *Planck*-Masse und $L = 4.051 \times 10^{-34}\ m$ die *Planck*-Länge sind. Der durchwegs verwendete Index $_y$ reflektiert den Bezug auf die Masse $M_{G,y}$ des in Betracht gezogenen Himmelsköpers.

Wie in der Arbeit [5] gezeigt wurde, kann die Gleichung (4) umformuliert werden, erhaltend die Form

$$\frac{c^2}{a_{G,y}} = \frac{R_{G,y}^2}{t_{G,y}^2} \quad . \tag{6}$$

Die Voraussetzung ist hierbei, dass die durchschnittliche Distanz $R_{G,y}$ durch

$$R_{G,y} = a_{G,y}\, \lambda_{G,y} \tag{7}$$

und die entsprechende effektive Umlaufzeit $t_{G,y}$ in (6) durch

$$t_{G,y} = a_{G,y}^{3/2} \frac{\lambda_{G,y}}{c} \tag{8}$$

gegeben ist. Hier in (6) - (8) ist a_G eine auf die durchschnittliche Distanz $R_{G,y}$ bezogene gravitative Distanzzahl und $\lambda_{G,y}$ der sog. *Einstein-Schwarzschild*-Radius, gegeben durch

$$\lambda_{G,y} = \frac{M_{G,y}}{M} L \quad . \tag{9}$$

Die Methode der Beschreibung der Gravitation anhand des *kausalen* Zusammenhangs von gravitativer Masse des Himmelskörpers $M_{G,y}$ und einer Länge $\lambda_{G,y}$, gegeben durch (7) und (9), ursprünglich postuliert in [5], Seite 16-17 und 76, hat seinen berechtigten Hintergrund in der Tatsache, dass, wie die Gravitationskonstante G in (5) offenbart, *die gravitative Wechselwirkung*, räumlich betrachtet, *ein-dimensional stattfindet*. Dieses Postulat wird anhand der Analyse der Pendelbewegung im *Teil II* als einzig mögliches Modell zusätzlich verifiziert werden, wobei f_c die *Compton*-Frequenz ist; es ist gleichsam der Hintergrund der Tatsache, dass, wie bekannt, das Dreikörperproblem mathematisch unlösbar ist. Ausgehend von den bekannten Werten der Planck-Masse *M* und der Planck-Länge *L* ist demzufolge für die Erde $M_{G,Erde} = 5.97 \times 10^{24}\ kg$ die gravitative Referenzlänge (9) durch $\lambda_{G,Erde} = 4.43 \times 10^{-3}\ m$ und die gravitative Zahl auf der Erdoberfläche bei $R_{G,Erde} = 6.37 \times 10^{6}\ m$ durch $a_{G,Erde} = 1.44 \times 10^{9}$ gegeben.

Die experimentellen Daten des QHE zeigen, dass ein kausaler Zusammenhang zwischen den experimentellen Werten V_H und I_{SD} besteht, der zu der Entdeckung der fundamentalen Referenzform des quantisierten Hall-Widerstandes R_H (1) führte. Diese Entdeckung offenbart, dass sowohl der elektrische Strom I_{SD} als auch die Hall-Spannung V_H bei $i = 1$ durch Referenzwerte beschrieben werden können. Es ist hierbei darauf hinzuweisen, dass, wie die Analyse der experimentellen Daten des QHE in [5] zeigte, ein *für den QHE gültiger maximaler Wert des Stromes* $I_{SD,o}$ durch $I_{SD,o} = m_e f_C$ gegeben ist. *Dieser Wert des elektrischen Referenzstromes* $I_{SD,o}$ *ist dann und nur dann gegeben, wenn der Wert der elektrischen Ladung e* (der bislang im SI-Einheitensystem anhand der Definition der Dielektrizitätskonstante des Vakuums* ε_o <u>*völlig frei festgelegt*</u> *wurde) festgelegt wird durch eine Relation zu der Ruhe-Masse des Elektrons,* d.h. durch

$$e^* = \sqrt{a_{H,y}}\, m_e \equiv \sqrt{a_{G,y}}\, m_e \quad , \qquad (10a)$$

und zwar gleichsam in Verbund mit einer transformierten Referenzfrequenz f^*, gegeben durch

$$f^* = \frac{f_C}{\sqrt{a_{H,y}}} \equiv \frac{f_C}{\sqrt{a_{G,y}}} \quad . \tag{10b}$$

Hier ist f_C die *Compton*-Frequenz, $a_{H,y}$ eine auf den *Hall*-Effekt bezogene Zahl und $a_{G,y}$ die durch (6) – (9) gegebene gravitative Zahl. *Der funktionelle Zusammenhang zwischen (10a) und (10b) deutet an, dass die elektrischen Phänomene in einer kausalen Verbindung mit der Frequenz, d.h. in indirekter Form mit der Zeit, aufzufassen sind.*

Es ist evident, dass die mittels (10a) und (10b) dargelegte Transformation weitere Transformationen von elektromagnetischen Größen zur Folge hat, und zwar bedingt durch den Ersatz des SI- d.h. MKSA-Einheitensystems durch das bekannte mechanische MKS-Einheitensystem. Diese Transformation hat zur Folge, dass, wie hier die weiteren Kapitel und die *Teile II und III* zeigen werden, die elektromagnetischen Phänomene gleichsam anhand gravitativer Phänomene erfasst werden können, was zu fundamental-neuen Erkenntnissen der Physik führt. So z.B., wie in [5] erstmals aufgezeigt, macht die durch (10a,b) definierte Transformation offenkundig, dass eine immer schon vermutete Vereinheitlichung zwischen der Elektrizität und der Gravitation in den Naturgesetzen verankert ist. Dazu sind folgende Zusammenhänge zu beachten:
Die gleichzeitige Transformation von e und f, formuliert in (10a,b), hat zur Folge, dass der transformierte (Referenz-)Strom $I^*_{SD,o}$, gegeben durch

$$I^*_{SD,o} = e^* f^* = m_e f_C \quad , \tag{11}$$

<u>von gravitativen Einflüssen unbehelligt bleibt</u>. Diese Schlussfolgerung hat seine Gültigkeit nur dann, wenn wir in (10a) und (10b) für die

Hall-Effekt-Konstante $a_{H,y}$ die sog. gravitative Konstante $a_{G,y}$ (und zwar in Form von $\sqrt{a_{G,y}}$) als Proportionalitätszahl ansetzen.

Die weitere Folge dieser (10a,b)-Transformation, die uns weg von der Elektrizität hin zu den mechanischen Einheiten führt, ist, dass die elektromagnetischen Werte der Spannung V^*, des Widerstandes R^*, des Magnetfeldes B^* und auch der Energie E_e^* vom gravitativen Feld abhängig werden. Diese Abhängigkeit ist normalerweise explizit nicht beobachtbar und kann deshalb experimentell nicht festgestellt werden, da *die Werte der elektromagnetischen Größen V, R, B und* E_e *anhand des elektrischen Stromes normiert und bestimmte werden.* Demgegenüber sind die Randbedingungen im Falle des QHE grundlegend anders, weil hierbei neben dem elektrischen Strom auch die von der gravitativen Feldstärke abhängigen Größen *V*, *R*, und *B* effektiv wirksam sind und somit das Resultat durch deren Wechselwirkung bestimmt wird. Insofern erhalten wir aufgrund der Transformation der Gleichung (2) den folgenden Referenzwert für die *Hall*-Spannung $V^*_{H,o}$:

$$V^*_{H,o} = \frac{c^2}{a_{G,y}} , \qquad (12)$$

Diese Form des Referenzwertes der auf den QHE bezogenen *Hall*-Spannung macht in seiner Gleichheit mit (6), die das dritte *Kepler'*sche Gesetz der Gravitation reflektiert, die mittels (10a,b) und der Annahme $a_{H,y} \equiv a_{G,y}$ dargelegte ***Vereinheitlichung*** zwischen Elektrizität und Gravitation zusätzlich offenkundig.

Im folgenden Kapitel wird die fundamentale Bedeutung der Gleichung (12) aufgedeckt, führend zu einer experimentell verifizierten neuartigen Deutung des Raumes, der Zeit und der Wärme. Zunächst wenden wir uns der Beschreibung des dualen

Charakters des Elektrons zu, und zwar unter der Berücksichtigung möglicher gravitativer Einflüsse.

3. Die Folgen der Transformation (10a) mit (10b)

Für das Elektron ist die ***Dualität***, d.h. gegeben durch dessen transformierter Ladung e^* und dessen Ruhe-Masse m_e, charakteristisch und für die Deutung des QHE und des Pendeleffektes ausschlaggebend (siehe Kapitel 4 im *Teil II*). Wenn wir die Energie des Elektrons in Hinblick auf die Gleichung (12), d.h. auf den QHE, formulieren wollen, ergeben sich zwei Möglichkeiten:

a) Bezogen auf die Elektronenladung e^* erhalten wir für die transformierte Energie $E^*_{e,W}$ den Referenzwert

$$E^*_{e,W,o} = e^* V^*_{H,o} = e^* \frac{c^2}{a_{G,y}} = \frac{m_e c^2}{\sqrt{a_{G,y}}} \quad . \qquad (13)$$

Wie im Folgenden gezeigt wird, muss aufgrund der Werte des diagonalen spezifischen Widerstandes ρ_{xx} und des spezifischen *Hall*-Widerstandes ρ_{xy} postuliert werden, dass diese Energie (13) den ***Wellen**-Charakter* des freien Elektrons repräsentiert. Aufgrund experimenteller Daten des QHE ist es außerdem gerechtfertigt davon auszugehen, die Energie $E^*_{e,W}$ als sog. kinetische Energie W_{kin} [6] zu interpretieren.

b) Bezogen auf die Masse des Elektrons m_e ist die Referenzenergie $E^*_{e,G.o}$ gegeben durch

$$E^{*}_{e,G,o} = m_e V^{*}_{H,o} = m_e \frac{c^2}{a_{G,y}} \equiv \frac{h f_C}{a_{G,y}} \quad . \qquad (14)$$

In Bezug auf die Deutung von (13) postulieren wir, dass die Energie $E^{*}_{e,G}$ den ***lokalisierten** Charakter* des freien Elektrons repräsentiert. Im Rahmen dieses Modells und im Einklang mit den experimentellen Daten des QHE hat dieses Postulat außerdem zur Folge, dass $E^{*}_{e,G}$ die allseitig bekannte potentiale Energie W_{pot} [6] reflektiert, die somit den Bezug der lokalisierten Referenzenergie des Elektrons auf dessen *gravitativen* Effekt erfasst. Denn es ist weiterhin notwendig darauf hinzuweisen, dass die Gleichung (14) identisch ist mit der für das freie Elektron bekannten, aus dem *Newton*'schen Gesetz ableitbaren Energiegleichung, und zwar wenn wir für die Probemasse M_x den Wert m_e , für die gravitative Bezugsmasse $M_{G,y}$ die der Erde und für Distanz $R_{G,n}$ die Gleichung (7) heranziehen, erhaltend unter Berücksichtigung von (5)

$$E_{G,m_e} = G \frac{M_x M_y}{R_{G,n}} = m_e \frac{c^2}{a_{G,y}} \quad . \qquad (15)$$

Um trotz der angenommenen, mittels der Gleichungen (10a,b) definierten elektromagnetisch-gravitativen Vereinheitlichung eine klare und eindeutige Unterscheidung zwischen (13) und (14), d.h. zwischen der elektrischen Energie, $E^{*}_{e,W}$, und der gravitativen Energie, $E^{*}_{e,G}$, aufrecht erhalten zu können, ist es notwendig, eine freie Wählbarkeit des Wertes der Lichtgeschwindigkeit c , wie praktiziert [4], *anzunehmen. Es ist weiterhin evident, und zwar als Folge dieses c – Ansatzes, dass* ***die Lokalisation als ein gravitativer***

Effekt und die Dynamik als ein Resultat von elektrischen Phänomenen *zu betrachten ist,* siehe dazu die Abb.1 und die Aussagen des *Teils II.*

Die Gleichungen (13) – (15) zeigen außerdem, dass der Wert der *Hall*-Spannung $V^*_{H,o}$ in (12), welcher in (13) bei i = 1 und $I^*_{SD,o} = m_e f_C$ den Referenzwert des *elektromagnetischen Potentialfeldes* des Elektrons definiert, sich als <u>*identische*</u> Größe mit dem Referenzwert des *lokalisierten*, d.h. *gravitativen Potentialfeldes* des Elektrons, gegeben durch (14) bzw. (15), zu erkennen gibt. Es ist evident, dass diese Tatsache das anhand der Gleichungen (13) und (14) präsentierte Deutungspostulat erhärtet.

Der Vergleich der Gleichung (13) mit den Gleichungen (14) bzw. (15) offenbart weiterhin, dass die Relation zwischen der *Welle-bezogenen Energie* $E^*_{e,W}$ und der *lokalisierten, d.h. gravitativen Energie* $E^*_{e,G}$, allgemein betrachtet, durch die auf die Gravitation bezogene Zahl $\sqrt{a_{G,y}}$ gegeben ist, d.h.

$$E^*_{e,W} = \sqrt{a_G}\; E^*_{e,G} \quad , \qquad (16)$$

Die Gleichung (16) ist als eine Analogie zur Gleichung (10a), d.h. als eine Art Transformationsgleichung zu interpretieren. Hierbei ist zu beachten, dass *die elektrische Wellenenergie* $E^*_{e,W}$ *im Einklang mit der Gleichung (11) die Frequenz* f_C, *d.h.quasi* <u>*die Kategorie „Zeit"*</u> *reflektiert, wogegen die auf die Gravitation, d.h. auf die Lokalität-bezogene Energie* $E^*_{e,G}$, *im Einklang mit der Gleichung (7), die Distanz, d.h.* <u>*die Kategorie „Raum"*</u> *repräsentiert.*

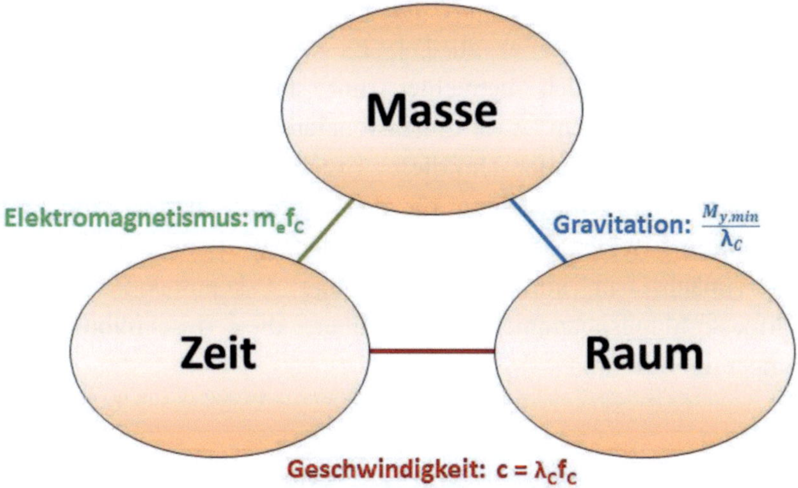

Abb.1 : Schematische Darstellung der (Elektron-)Masse-Raum-Zeit-Verbindung. m_e ist die Ruhemasse des Elektrons, f_C die *Compton*-Frequenz, λ_C die *Compton*-Wellenlänge und *c* die Lichtgeschwindigkeit. Angegeben ist einerseits der elektrische Referenzstrom $I_o = m_e f_C$, der als Referenzwert des Elektromagnetismus zu betrachten ist, und andererseits die für die gravitative Wechselwirkung maßgebende Referenzenrelation $M_{y,\min} / \lambda_C$, wobei $M_{y,\min}$ die Masse des kleinstmöglichen *kugelförmigen* Himmelskörpers ist, gegeben in Hinblick auf (9) mit $\lambda_{G,y} = \lambda_C$ durch $M_{y,\min} = 3.27 \times 10^{15}\ kg$ [29].

Demzufolge ist es berechtigt die Gleichung (16) als eine Zeit-Raum-Transformationsgleichung zu betrachten, siehe dazu die Abb.1 . Die Möglichkeit der *Beobachtung* und somit der lokalisierten Beschreibung von elektromagnetischen Phänomenen führt uns daher immer zu der Gleichung (14).

Einen weiteren experimentellen Hinweis auf dieses mittels der Gleichungen (13) und (14) dargelegten Modells liefern die

Erkenntnisse von *Durchbruchsuntersuchungen* des QHE, durchgeführt von *van Son* et al. [7]. Es wurde gefunden, dass der Durchbruch, räumlich betrachtet, nur an Extremalpunkten des Übergangs von dem zwei-dimensionalen Oberflächenkanal zum Drain-Kontakt stattfindet. Um dieses Ergebnis deuten zu können und gleichsam auch eine Lösung für den Einbezug des Wärme-, d.h. Temperatur-Effektes bei dem QHE finden zu können, müssen wir, hier zunächst in kurzer Form, einige Erkenntnisse über die Wärmestrahlungsphänomene und über die Beschreibung der Temperatur anführen.

4. Die Temperaturabhängigkeit des QHE aus der Sicht der Wärmestrahlungsphänomene

Das *Wien*'sche Verschiebungsgesetz, gegeben durch

$$\lambda_T\, T \;=\; 3.40 \times 10^{-3} \quad , \tag{17}$$

zeigt, dass die Photonenenergie, die die Wärmstrahlung wiederspiegelt, anhand dieses experimentell erkundeten Gesetzes erfasst wird und demzufolge deren Abhängigkeit von der Temperatur T ermittelt werden kann. Hierbei definiert der Wert λ_T in (17) die auf die Wärme bezogene Photonen-Wellenlänge. Das wiederum bedeutet, dass die Photonenenergie der Wärmestrahlung E_T durch

$$E_T = \frac{h\,c}{\lambda_T} = \frac{h\,c}{3.40 \times 10^{-3}}\, T \;=\; 5.84 \times 10^{-23}\, T\,[J] \tag{18}$$

definiert werden kann, wobei postuliert wurde, dass, und zwar <u>als Folge von (17), die Temperaturdimension [°*K]* durch die Dimension [*m*$^{-1}$] zu ersetzen ist</u>. *Diese äußerst bedeutsame Annahme wird im Teil*

III ausführlich, d.h. auch anhand der QHE-Phänomene, diskutiert und begründet werden, gefolgt von deren im Teil IV dargelegten fundamentalen Aussagekraft.

Wenn wir die auf die Elektronenmasse bezogene lokalisierte, d.h. gravitative Energie, gegeben durch (14) bzw. (15), mit der auf die Temperatur bezogene Wärme-Photonenenergie (18) *gleichsetzen*, d.h.

$$E^{*}_{e,G,o} = m_e \frac{c^2}{a_G} \equiv E_T = \frac{h\,c}{\lambda_T} = h\,f_C \frac{\lambda_C}{\lambda_T} \quad , \qquad (19)$$

erhalten wir in (19) diejenige Gleichung, anhand deren die Verbindung zwischen dem QHE und der Temperatur beschrieben wird. Wie (19) zeigt, offenbart sich diese Verbindung in der Identität zwischen der Gravitationszahl $a_{G,y}$ und der Zahl, die die Relation zwischen der Wärmestrahlungs-Photon-Wellenlänge λ_T und der *Compton*-Wellenlänge λ_C angibt. Aus den Gleichungen (17) und (19) folgt, dass die maximal mögliche Wärmestrahlungs-Temperatur T_o durch $T_o = 1.40 \times 10^9\ °K$ gegeben ist und dass wir auf der Erdoberfläche mit $a_{G,y} = 1.44 \times 10^9$, d.h. bei $\lambda_{T,Erde} = 3.49 \times 10^{-3}\ m$, daher aufgrund des *Wien'*schen Verschiebungsgesetzes (17) die Temperatur

$$T = 0.973 \ [°K] \qquad (20)$$

erhalten. *Dieses Resultat über die Erd-bezogene Temperatur, hier in (20) gegeben für den Referenzzustand* $i = 1$ *, ist besonders bemerkenswert*, weil, ***bedingt durch die Anwendung des Wien'schen Verschiebungsgesetzes (17), dieser anhand von (19) berechnete Temperaturwert <u>größenordnungsmäßig tatsächlich demjenigen Bereich entspricht, ab welchem Quantisierungszustände des QHE beobachtet werden</u>***. Diese Übereinstimmung des theoretisch berechneten T – Wertes mit den experimentell gegebenen Daten ist *für die ganze Physik* von fundamentaler Bedeutung und muss daher ausführlich untersucht werden.

Wir definieren eine neue Quantenzahl j , gegeben durch die Relation zwischen der auf den QHE-bezogenen Referenzenergie $E^*_{QHE,o}$, d.h. der *lokalisierten*, d.h. *gravitativen* Energie $E^*_{e,G,o}$ des Elektrons, definiert in (14) bzw. (15), und der Wärme-Strahlungsenergie E_T , formuliert in (18), erhaltend

$$j = \frac{\lambda_T}{a_{G,y}\,\lambda_C} \quad . \tag{21}$$

Wenn wir nun die QHE-Quantenzahl i mit j gleichsetzen, d.h.

$$i \equiv j \quad , \tag{22}$$

erhalten wir die gesuchte, allgemein gültige Formulierung der kausale Verbindung zwischen dem QHE und der Temperatur der Messprobe. Durch die Gleichsetzung der Quantenzahl i mit j in (22) setzen wir voraus, dass die *lokalisierte* Referenzenergie, formuliert in (14) bzw. (15), mit der Wärmestrahlungsenergie (18) *gleich groß ist*. Das heißt, es wird angenommen, dass, ausgehend von (10a,b), eine auf die Energien bezogene *Identitätsgleichung* formuliert werden darf, die den Wesensinhalt der QHE-Energie repräsentiert, gegeben in Referenzform durch

$$E^*_{QHE,i=1} \equiv E^*_{e,G,o} = E_{G,m_e} = E_{T,j=1} = 5.69\times10^{-23}\ [J] \tag{23}$$

Daraus folgt, dass der in (20) dargelegte Referenz-Temperaturwert des QHE vom Wert der Erdmasse $M_{G,y} = M_{G,Erde}$ abhängig ist.

Die Gleichungen (21) – (23) ermöglichen außerdem die Formulierung einer von der Temperatur abhängigen *kritischen* QHE-Quantenzahl i_{crit} , die eine limitierende Randbedingung für das Entstehen eines für den gesamten Oberflächenkanal ungestörten kohärenten Elektronenzustand angibt. Diese Gleichung ist bei $a_{G,y} = 1.44\times10^9$, d.h. bei Messungen an der Erdoberfläche, gegeben durch

$$i_{crit}\,T = \frac{3.40\times10^{-3}}{a_G\,\lambda_C} = 0.973\ [°K] \quad . \qquad (24)$$

Die Gleichung (24) beschreibt, in allgemeiner Form, die kausale Abhängigkeit des QHE von der Temperatur und reflektiert den im *Teil III und IV* ausführlich diskutierten engen Zusammenhang zwischen Temperatur, d.h. Wärme, und Raum.

Ausgehend von (1) - (3) und (21) - (24) erhalten wir zur Beschreibung des QHE eine von dem Magnetfeld B , von der Elektronendichte N_e und der Messprobentemperatur T abhängige Gleichung, welche in Hinblick auf (2), und zwar bei $a_{G,y} = 1.44\times10^9$ und im SI-Einheitensystem ausgedrückt, gegeben ist durch

$$\frac{B}{N_e\,T} = \frac{h}{e\,S_B\,N_e}\,\frac{1}{T} = \frac{1}{i_{crit}}\,\frac{h}{e}\,\frac{1}{T} = 4.95\times10^{-15}\ [T\ °K^{-1}\ m^2] \quad . \qquad (25)$$

Die Gültigkeit dieser Gleichung (25), die gleichsam die Gültigkeit der in (19) postulierten kausalen Verbindung zwischen dem QHE mit der Temperatur repräsentiert, wird im folgenden Kapitel 6, auf experimentellen Daten beruhend, aufgezeigt und somit bestätigt.

Für *Si*-MOSFETs, d.h. bei konstantem *B* aber verschiedenen N_e – Werten, ist aufgrund dieses Modells i_{crit} der kleinstmögliche Wert, der die Existenz eines, im ganzen Oberflächen-Kanal vorhandenen, *kohärenten* Elektronen-Zustands, erkennbar an $\rho_{xx} = 0$, bzw. $\rho_{xy} = h / i e^2$, angibt. Demgegenüber repräsentiert bei den *GaAs/Al$_x$Ga$_{1-x}$As* und analogen Heterostrukturen mit konstanten N_e und variablen *B*-Werten i_{crit} den größtmöglichen Wert, bei welchem der Zustand $\rho_{xx} = 0$, bzw. $\rho_{xy} = h / i e^2$ im *ganzen* Oberflächenkanal noch vorzufinden ist. Hierbei ist zu bemerken, dass die Gleichungen (3) und (21) – (22) derjenige Ansatz ist, der zu diesen für den QHE charakteristischen kohärenten Zustand führt, gegeben im zwei-dimensionalen Kanal anhand des diagonalen Widerstands-minimums $\rho_{xx} = 0$ und des *Hall*-Widerstandes in Form von $\rho_{xy} = \dfrac{h}{i\, e^2}$. **Dieser Elektronenzustand**, welcher im *zwei-dimensionalen* Kanal senkrecht zur Richtung des Gate-Feldes bzw. Dotierungsfeldes entsteht, offenbart einen spezifischen Elektronen-zustand, der, im Gegensatz zu E^*_{QHE} und zu E_T (die als *lokalisierte* Energien aufzufassen sind – siehe Kapitel 3), **wegen** $\rho_{xx} = 0$ **und** $V_{SD} = V_H$ **als nicht-lokalisiert, d.h. als ungestörter Wellenzustand** zu betrachten ist. Diese *durch* $\rho_{xx} = 0$ *geprägte* Interpretation des in einem lokalisierten Rahmen eingebetteten Elektronenwellenzustands, genannt *kohärenter Wellenzustand, ist* (im Einklang mit dem im Kapitel 3 auf der Basis von (13) und (14) präsentierten Postulat) *für diesen Effekt als die einzig physikalisch akzeptable Interpretation zu verstehen*, und zwar *für einen Effekt, bei welchem* ***die Unabhängigkeit von der Elektronendichte, d.h. von Raum charakteristisch ist***. Die daraus folgende Annahme, dass die Kategorie „Raum“ immer an die Existenz von lokalisierten Teilchen, d.h. von Massen mit gravitativen Eigenschaften gekoppelt ist, wird im *Teil III* bzw. im *Teil IV* im

Rahmen der Diskussion über das Wesen der *Wärme* vertieft und erhärtet werden.

Zum Abschluss dieses Kapitels ist noch hervorzuheben, dass diese hier dokumentierte *Verknüpfung zwischen dem QHE und der Temperatur, verallgemeinert betrachtet zwischen der Gravitation und der Temperatur, von der Natur vorgegeben ist und hat daher für die ganze Physik eine außergewöhnliche Bedeutung. Insofern ist die in den Kapiteln 5 und 6 anhand experimenteller Daten des QHE präsentierte Verifizierung dieses Effektes besonders bedeutungsvoll.*

5. Analyse der Elektronenzuständen bei der Quantenzahl i_{crit} und deren Randbedingungen

Der *kritische Wert des Stromes* $I_{SD,o}$ ist im Rahmens des MKS-Einheitensystems gegeben durch $I^*_{SD,o} = m_e f_C \, [kg\, s^{-1}]$. Es ist leicht zu berechnen, dass dieser $I^*_{SD,o}$-Limit-Wert im SI-Einheitensystem dem Wert $I_{SD,o} = 5.213 \times 10^{-4} A$ entspricht. Oberhalb dieses $I_{SD,o}$-Limit-Wertes, d.h. bei $I_{SD} > I_{SD,o}$, kann sich kein durchgehend *kohärenter Elektronen-Zustand* etablieren, d.h. es wird beobachtet $\rho_{xx} > 0$ und $\rho_{xy} < \rho_{SD}$, und wir sprechen vom ***Zusammenbruch*** des QHE. Demgegenüber, bei $I_{SD} \leq I_{SD,o}$, ist der kohärente Zustand, der, wie im Kapitel 3 postuliert wurde, einen nicht-lokalisierten Elektronen-Zustand repräsentiert, im ganzen Oberflächen-Kanalbereich der Messprobe als ungestörter Wellenzustand ausgebreitet. Dieser kohärente zwei-dimensionale Elektronen-„Gas"-Zustand [3] ist erkennbar an $\rho_{xx} = 0$ und $\rho_{xy} = h / i e^2$, gemeinsam mit $V_H \equiv V_{SD}$, wobei bei Messungen mit konstantem *B* und variablen N_e –Werten sind die verschiedenen i –Werte durch $i > i_{crit}$ gegeben, und umgekehrt, bei konstantem N_e und variablem B sind die möglichen i–Werte bei $i < i_{crit}$ zu beobachten. Außerdem, und zwar speziell nur im kohärenten Elektronen-Zustand, ist bei $I_{SD} = I_{SD,o} / a_{SD}$ mit $a_{SD} > 1$ gleichsam auch die *Hall*-Spannung V_H durch $V_H = V_{H,o} / a_{SD}$ gegeben.

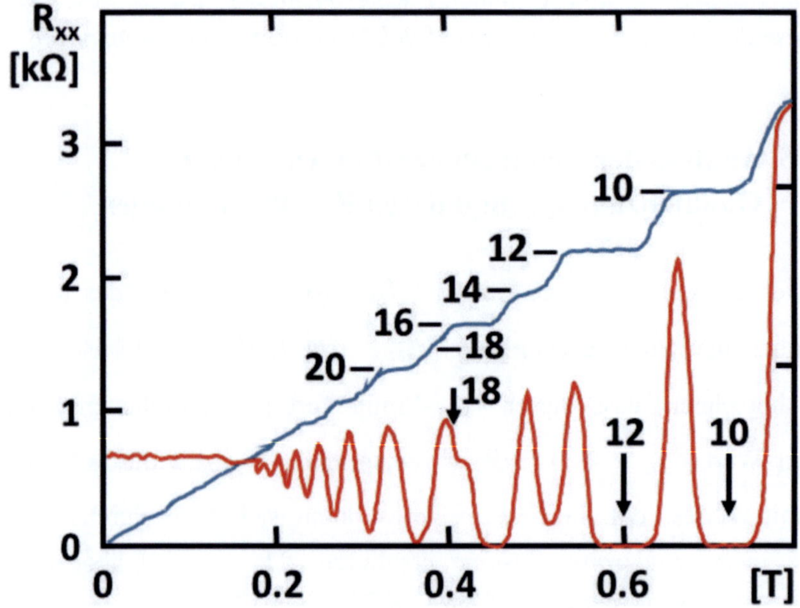

Abb.2 : *Shubnikov-de Haas*-Oszillationen, gemessen an *GaAs/Al$_x$Ga$_{1-x}$As* Heterostrukturen bei QHE-Randbedingungen. Angegeben ist der Verlauf des diagonale Widerstands, R_{xx} , rot, und des spezifischen *Hall*-Widerstands, ρ_{xy} , blau, in Abhängigkeit von kleinen Werten des zur Probe senkrecht angelegten Magnetfeldes B [T]. Die Zahlen bei den Kurven geben die *i*-Werte des QHE an. Die Elektronendichte der Messprobe ist $N_e = 1.7 \times 10^{15}\ m^{-2}$ und die Temperatur $T = 50\ m°K$. Die Daten sind entnommen aus: *Suen Y.W.* et al., [13], Fig.3.

Im Vergleich zu den i – Zuständen unterscheiden sich die *Shubnikov-de Haas*-Oszillationen dadurch, dass die Widerstandsminima durch $\rho_{xx} > 0$ gekennzeichnet sind, siehe Abb.2 . Das bedeutet, dass die lokalisierte Elektronenenergie zu groß ist, um bei der gegebenen Temperatur im ganzen Kanal einen ungestörten, d.h. einheitlich-kohärenten, d.h. nicht-lokalisierten Elektronenzustand zu ermöglichen. Statt dessen entstehen zwischen Source und Drain lokalisierte Bereiche von Wahrscheinlichkeiten dominierten elektromagnetisch-gravitativen Wechselbeziehungen, siehe die Analysen im *Teil III*, was in eine Vergrößerung des Source-Drain-Widerstandes $R_{SD} > h / i\, e^2$ resultiert und gleichsam zu der bekannten Abhängigkeit des R_{SD} -Widerstandes von der Länge und Breite, und auch der Dicke, der Probe führt. Das bedeutet, dass hierbei der rein kohärente Oberflächenkanal in einen neuartigen Zustand zerfällt, was als ein Zusammenbruch des QHE zu interpretieren ist.

Eine besondere Aufmerksamkeit sollte außerdem auch dem FQHE gewidmet werden, d.h. wenn bei dem Widerstandsminimum $\rho_{xx} = 0$ die Quantenzahl i fraktioniert ist, d.h. $i = p/q$, wobei p und q ganzzahlige Zahlen sind. In Hinblick auf die Gleichungen (21) – (23) ist hierbei der Wärme-Photonen-Strahlungseffekt ausgeprägter als der Effekt des induzierten zwei-dimensionalen Elektronengases, was als ein *heißer* Elektronenzustand interpretiert werden kann. Die Analyse von heißen Elektronen bei *Si*-MOSFETs zeigte, dass diese Elektronen aus den für den MOS-Transistor üblichen *zwei-dimensionalen* Flächenzustand ausschären, und zwar durch den Einbezug der *dritten* Raumdimension, d.h. in Richtung *Si*-Volumen oder auch in die SiO_2-Schicht [8 – 12]. Appliziert auf die FQHE-Beobachtungen, vor allem beim kohärenten Elektronenzustand mit $\rho_{xx} = 0$, könnte diese Gegebenheit ein Resultat der Wechselwirkung des ursprünglich zweidimensional geprägten elektromagnetischen Prozesses mit der dritten Raumdimension sein.

6. Die Bestätigung des QHE-Temperaturmodells anhand experimenteller Daten

Der QHE wurde erstmals von *K. von Klitzing*, und zwar an *Si*-MOSFETs bei B = 18 T und der Temperatur T = 1.5 °K beobachtet [1]. Der $\rho_{xy} = h/ie^2$-Effekt wurde gleichsam mit dem $\rho_{xx} = 0$ -Effekt eindeutig bei i = 2, 4, 6, 8 und 12 vorgefunden. Anhand der Gleichungen (2) und (3) erhalten wir für i = 1 den Elektronendichtewert $N_e = 3.5\times10^{15}\ m^{-2}$, welcher fast identisch mit dem mittels der Gate-Spannung V_G berechneten Wert ist. Außerdem ergibt die Gleichung (24) den ganzzahligen kritischen Wert $i_{crit} \approx 1.0$, was eine gute Übereinstimmung des erst bei i = 2 experimentell vorgefundenen $\rho_{xx} = 0$ Wertes mit unserem QHE-Temperatur-Modell darstellt.

Weitere überzeugende Beispiele, welche für die Gültigkeit des vorgestellten Modells sprechen, liefern die experimentellen Beobachtungen, die in der Literatur im Rahmen der an $GaAs/Al_xGa_{1-x}As$ -Heterostrukturen gemessenen Daten veröffentlicht wurden. Außergewöhnlich instruktiv sind hierfür die Ergebnisse von *Suen* et al. [13], die detaillierte Messdaten nicht nur im Bereich der hohen Magnetfelder, sondern auch bei Werten unterhalb von B = 1 T aufzeigen, siehe hier Abb.2 . Für die bei [13] in Fig. 3 präsentierten *Shubnikov-de Haas*-Oszillationen der Probe mit $N_e = 1.7\times10^{15}\ m^{-2}$, und zwar bei T = 50 m°K, erhalten wir aufgrund der Gl. (24) für i_{crit} den Wert $i_{crit} = 19$. Bezug nehmend auf (25) erhalten wir außerdem für das kritische Magnetfeld den Wert $B_{crit} \approx 0.4\ T$. Die bei [13] in Fig.3 und hier in Abb.2 wiedergegebenen experimentell gemessenen Werte des diagonalen Widerstandes R_{xx} offenbaren, dass tatsächlich erst ab $i = 20$ und ab $B_{crit} \approx 0.35\ T$ absolute, d.h. ungestörte QHE-Zustände, gekennzeichnet durch $\rho_{xx} = 0$, beobachtet wurden. Außerdem, in Analogie dazu, ergeben die experimentellen Messdaten der meisten QHE – Veröffentlichungen eine überzeugend gute Übereinstimmung mit den Gleichungen (19) – (25), so z.B. die Daten der Fig.2 in [14], der Fig.1 und Fig.2 in [15], der Fig.2 in [16], der Fig.4 und Fig.8 in [17], der Fig.3 in [18] und mehr. Größere Unterschiede zu den von den Gleichungen (19) – (25), d.h. zu dem von B, N_e und T, vorgegebenem Zusammenhang mit i_{crit} bzw. $\rho_{xx} = 0$, wurden bei drei Arbeiten vorgefunden [19 – 21]: Sie lassen den Schluss zu, dass es sich hier um eine fehlerhafte Bestimmung der Dichte der *freien* Elektronen N_e im Oberflächen-kanal der Messproben handeln dürfte.

7. Schlussfolgerungen des *Teils I*

Die im Kapitel 6 dokumentierten experimentellen Daten [1] und [13 – 18] bestätigen eindrucksvoll, dass das in dieser Arbeit vorgestellte Temperatur-Modell des QHE, welches den Photonen-Effekt der durch das *Wien'*sche Verschiebungsgesetz (17) formulierten Wärme-Strahlung mit einbezieht, seine Gültigkeit hat. Die theoretische Analyse des Temperaturmodells geht von der postulierten, im Kapitel 2 dokumentierten Vereinheitlichungsmöglichkeit zwischen der Elektrizität und der Gravitation aus. Diese Annahme wird anhand der Relation zwischen der transformierten Elektronladung e^* und Elektronmasse m_e, gegeben durch $e^* = \sqrt{a_{G,y}}\, m_e$ mit $a_{G,y}$ als gravitative Zahl, zum Ausdruck gebracht.

Die vorgelegte Transformation, appliziert auf den QHE, resultiert in eine offenkundige Unterscheidung zwischen einer entweder wellenartigen *oder* lokalisierten Zustandsbeschreibung des Elektrons, formuliert mittels der Gleichungen (13) und (14). Die bedeutsame

Folge dieser *Zustands-Differenzierung* ist die Möglichkeit der Unterscheidung *einerseits* zwischen einer gravitativ bedingten Zuordnung von Lokalität an Masseteilchen jeder Art, die mit einer *Zeitablauf-Variabilität* verbunden ist, erstmals erfasst von *Albert Einstein* [22, 23], und *andererseits* dem Wellencharakter der Elektrizität, für welchen die *auf dem elektrischen Strom basierende örtliche Zeitablauf-Unabhängigkeit* charakteristisch ist. Dieses auf der Deutung von (13) und (14) beruhende Zeitablauf-Modell gibt erstmals zu erkennen, dass eine *einfache* Beschreibung der Zeitablauf-variabilität möglich ist, gegeben durch die Gleichung

$$\frac{\Delta t_{G,o}}{t_{G,o}} = \left(\frac{1}{a_{G,y,o}} - \frac{1}{a_{G,y,o} + \Delta a_{G,y,h}} \right) . \tag{26}$$

Hier beschreibt $a_{G,y,o}$ den Wert des gravitativen Potentials an der Oberfläche des gegebenen Himmelskörpers, siehe Gleichung (14), und $a_{G,y,h}$ die Höhe über dessen Oberfläche. **Die mittels der Gleichung (26) berechnete Frequenz- bzw. Zeit-Änderung entspricht zu 100 % den anhand der GPS-Messungen erhaltenen Daten** [24, 25]. Eine weitere Bestätigung für dieses (13) – (14) - Modell liefert die von *R.V. Pound* und *G.A. Rebka* in Abhängigkeit von der Erdgravitation beobachtete Frequenzänderung von $\gamma-$ Photonen, durchgeführt mittels des *Mößbauer*-Effektes [26, 27]. Eine anhand der Gleichungen (5), (7), (9) und (14) durchgeführte Berechnung der Frequenzänderung von Photonenenergie ergibt die in der Höhe von 45 *m* oberhalb der Erdoberfläche eine Frequenzdifferenz von 4.92×10^{-15}, die gleichfalls **zu 100 % dem von *Pound* und *Rebka* [26] experimentell gemessenen Wert entspricht**. Aufgrund dieser eindeutigen Übereinstimmung muss daher ausdrücklich darauf aufmerksam gemacht werden, dass ***diese mittels der Gleichung (26) erfasste Beschreibung der gravitativ bedingten Zeitablaufvariabilität ein eindeutiger Beweis für die Richtigkeit der anhand der***

Gleichungen (10a) und (10b) postulierten Transformation der elektrischen Ladung ist. *Außerdem muss hervorgehoben werden, dass die mittels der Gleichungen (13) und (14) dargelegte Unterscheidung zwischen Welle und Lokalität, d.h. zwischen Elektrizität und Gravitation, die Wahlfreiheit für den Wert der Lichtgeschwindigkeit c , so wie sie auf dem Abb.1 schematisch aufgezeigt ist, wiederspiegelt.*

Weiterhin sollte darauf hingewiesen werden, dass dieses aufgrund der Deutung des Quanten-Hall-Effektes präsentierte Welle-Lokalisation-Modell eine Antwort liefert auf die von ***Lee Smolin*** im Buch „Die Zukunft der Physik“ [28] zum Ausdruck gebrachte *offene Fragestellung über das Wesen der Zeit*, eine Fragestellung, die er als ungelöstes fundamentales Problem der Physik auffasst. Denn, wie er schreibt, wurde seit dem 17. Jahrhundert, d.h. seit der Zeit von *René Descartes* und *Galileo Galilei*, die Kategorie „Zeit“ als weitere Dimension des Raumes dargestellt, sie wird immer nur in Bezug zur Länge gesetzt und somit mittels der Relation „ Geschwindigkeit“ erfasst. Wie die Analyse im *Teil I* und im folgenden *Teil II* zeigt, ist das Wesen der Kategorie „Zeit“ als Welle nicht beobachtbar, d.h. sie ist immer nur anhand von Lokalitäten bestimmbar. Diese Schlussfolgerung resultiert aus dem dritten *Kepler'*schen Gesetz, aber auch, wie im *Teil II* gezeigt wird, anhand des Pendeleffektes und stellt somit eine klare Lösung für die offene Fragestellung von *Lee Smolin* [28] dar.

Zusammenfassend betrachtet dürfen wir daher feststellen, dass ausgehend von dem Modell der Vereinheitlichung der Elektrizität mit der Gravitation ist es möglich geworden, die experimentell beobachteten Besonderheiten des QHE in seiner ganzen Fülle, d.h. die mittels der Gleichung (23) aufgezeigte Verknüpfung zwischen Gravitation, Elektrizität und Temperatur, zu interpretieren. Außerdem führten die experimentellen Daten des QHE zu der Erkenntnis, dass der Wellenzustand der Elektrizität, gesehen in Analogie zum Wesen der Frequenz bzw. der Zeit (siehe Teil II), als ein dem zweidimensionalen Raum zugehörigen Zustand zu deuten ist. Demgegenüber ist der senkrecht dazu gegebene Lokalitätszustand der Ein-Dimensionalität des Raumes zuzuordnen. Diese Möglichkeit der Differenzierung des drei-dimensionalen Raumes, klar getrennt in eine Ein-Dimensionalität und eine Zwei-Dimensionalität, gehört zu den wesentlichsten Entdeckungen anhand des QHE. Diese Differenzierung des dreidimensionalen Raumes ist eine Folge der Dualität des Elektrons, wobei wir den Lokalitäts-Zustand mit dem Wesen der Gravitation identifizieren. Abgesehen davon liefert die Analyse der spektralen Strahlung, und zwar unter der speziellen Berücksichtigung der QHE Phänomene, die Basis für die Deutung des Wesens der Kategorie „Wärme", siehe die Teile III und IV.

Literatur

[1] von Klitzing K., Dorda G., Pepper M.: Phys.Rev.Lett. 45, 1980, pp. 494 - 497.

[2] Tsui D.C., Störmer H.L., Gossard A.C.: Phys.Rev.Lett. 48, 1982, pp. 1559 - 1561.

[3] Prange R.E., Girvin S.M.: The Quantum Hall Effect. Berlin, London, New York, Tokyo: 1987 Springer..

[4] Kose V., Bögner W.: „Neuere empfohlene Werte von Fundamentalkonstanten", Phys. Bl. 43, 1987, Seite 397 – 398.

[5] Dorda G.: „Quantisierte Zeit und die Vereinheitlichung von Gravitation und Elektromagnetismus". Göttingen, Cuvillier Verlag, 2010, Seite 31 - 47.

[6] Vogel H.: „Gerthsen Physik". Berlin: 1997 Springer, Seite 25.

[7] van Son P.C., Kruithof G.H., Klapwijk T.M.: Surface Science 229, 1990, pp. 57 – 59.

[8] Gesch H., Leburton J.P., Dorda G.: IEEE Transactions on Electron Devices, Vol. ED-29, No. 5, 1982, pp. 913 – 918.

[9] Leburton J.P., Dorda, G.: Solid-State Electronics, Vol. 26, 1983, pp. 611 – 615.

[10] Hofmann K.R., Weber W., Werner C., Dorda G.: Proc. IEEE Inter. Electron Devices Meeting, 1984, Dec. 9-12, pp. 104 – 107, IEDM 84.

[11] Hofmann K.R., Werner C., Weber W., Dorda G.: IEEE Transactions on Electron Devices, Vol. ED-32, No. 3, 1985, pp. 691 - 699.„

[12] Schmitt-Landsiedel D., Dorda G.: IEEE Transactions on Electron Devices, Vol. ED-32, No. 7, July 1985, pp. 1294 – 1301.

[13] Suen Y.W., Jo J., Santos M.B., Engel L.W. Hwang S.W., Shayegan, M.: Phys.Rev. B 44, 1991, pp. 5947 – 5950.

[14] Ebert G., von Klitzing K., Maan J.C., Remenyi G., Probst C., Weiman G., Schlapp W.:
J. Phys. C: Solid State Phys. 17, 1984, L775 – L779.

[15] Boebinger G.S., Chang A.M., Stormer H.L., Tsui D.C.: Phys.Rev. B 32, 1985, pp. 4268 – 4271.

[16] Clark R.G., Haynes S.R., Suckling A.M., Mallet J.R., Wright P.A.: Phys.Rev.Lett. 62, 1989, pp. 1536 – 1539.

[17] Sajoto T., Suen Y.W., Engel L.W., Santos M.B., Shayegan M.: Phys.Rev. B 42, 1990, pp. 8449 – 8460
[18] Eisenstein J.P., Boebinger G.S., Pfeiffer L.N., West K.W., Song He.: Phys.Rev.Lett. 68, 1992, pp. 1383 – 1386.02
[19] Kane B.E., Tsui D.C.: Phys.Rev.Lett. 59, 1987, pp. 1353 – 1356.
[20] Adrian H., Möhle W., Bliek L., Weimann G., Schlapp W.: J.Appl.Phys. 65, 1989, pp. 3498 – 3500.
[21] Wei H.P., Tsui D.C., Paalanen M.A., Pruisken A.M.M.: Phys.Rev.Lett. 61, 1988, pp. 1294 – 1296.
[22] Dorda G.: siehe [5], Seite 122 – 125.
[23] Berry M.: „Kosmologie und Gravitation“, Seite 158 – 162. Stuttgart: B.G. Teubner, 1990.
[24] Dorda G.: siehe [5], Seite 124 – 125.
[25] Hausamann D., Further J.: „Einstein und die Satellitennavigation“, in: „Deutsches Museum: Einsteins Relativitätstheorien“: München; Deutsches Museum, 2005m, Seite 24 – 34.
[26] Pound R.V., Rebka G.A.: Phys.Rev.Lett. 4, 1960, pp. 337 – 341.
[27] Vogel H.: „Gerthsen Physik“. Berlin: 1997 Springer, Seite 570 – 571.
[28] Smolin L.: „Die Zukunft der Physik“. DVA, München, 2009, Seite 343 – 346.
[29] Dorda G.: „The Unification of Electromagnetism with Gravity, the Interpretation of Three-Dimensional Space and Time, and the Philosophical Consequences”, Schriften der Sudetendeutschen Akademie der Wissenschaften und Künste, Band 34, München 2014, Seite 67; siehe in Bezug auf die Gleichung (19) ist $M_{y,o} \equiv M_{y,\min}$.

Teil II

Die Pendelbewegung und die begrenzte Möglichkeit der Zeitbestimmung

1. Einleitung

Ausgehend von dem in [1] präsentierten Vereinheitlichungsmodell zwischen der Elektrizität und der Gravitation wurde im *Teil I* eine ausführliche Interpretation des Quanten-Hall-Effektes (QHE) vorgestellt. Aufgrund der Analyse der als außergewöhnliche Effekte zu bewertenden QHE-Phänomene konnte die Schlussfolgerung gezogen werden, dass *eine* ***Differenzierung*** *des drei-dimensionalen Raumes, aufgeteilt in einen ein-dimensionalen und einen zwei-dimensionalen Zustand, bei tiefen Temperaturen vorgegeben ist.* Die Existenz der Differenzierung des drei-dimensionalen Raumes ist limitiert, und zwar bei dem QHE im elektromagnetischen Bereich durch den Referenzstrom $I^*_{SD,o} = m_e f_C$, siehe Gleichung (11) im *Teil I.* Die Differenzierung ist nur bei einem Strom $I_{SD}{}^* = I^*_{SD,o} / a_{SD}$, und zwar bei $a_{SD} > 1$, beobachtbar. Das bedeutet, dass die Limitierung eine Funktion der Kategorie „Frequenz", d.h. der Kategorie „Zeit" ist. Insofern ist es berechtigt zu untersuchen, ob ein analoges Limit-Prinzip auch im Bereich der Zeitbestimmungsmethoden gefunden werden könnte. Diese Fragestellung ist der Anlass die auf die Pendelbewegung bezogene Zeitbestimmungsmethode näher zu untersuchen.

2. Die theoretische Analyse der Pendelbewegung

Die Kategorie „Zeit“ wurde ursprünglich anhand der zyklischen Bewegungen der Himmelskörper entdeckt. Angeregt durch die Erfindung von ***Christian Huygens*** *(1629 – 1695)* im Jahre 1656, wurde daraufhin der Zeitablauf im verbreiteten Maße anhand der dynamischen Pendelbewegung bestimmt. Die auf experimentellen Erfahrungen beruhende Beschreibung der zyklischen Schwingungen des Pendels zeigte, dass die auf diese Weise erfasste Zeit nur eine Funktion der Pendellänge und der Gravitation ist. Bei dem sog. mathematischen Pendel ist, bei kleinen Pendelausschlägen, die Zeit $t_{G,P}$ gegeben durch (siehe [2], Seite 77 - 78)

$$t_{G,P} = \sqrt{\frac{l_P}{g_{G,y}}} \equiv \left(2\pi\, f_{G,P}\right)^{-1} \quad . \tag{1}$$

Hier ist l_P die Pendellänge, $t_{G,P}$ die sog. <u>effektive</u> Zeit, gegeben durch $t_{G,P} = T_{G,P}/2\pi$, $T_{G,P}$ die beobachtete zyklische Pendelzeit, $f_{G,P}$ die entsprechende Frequenz und $g_{G,y}$ die ortsgebundene, gravitativ bedingte Beschleunigung. Sie ist gegeben durch

$$g_{G,y} = \frac{R_{G,y}}{t_{G,y}^2} = \frac{R_{G,y}}{\left(\frac{T_{G,y}}{2\pi}\right)^2} \quad , \tag{2}$$

wobei $R_{G,y}$ der durchschnittliche Radius des betrachteten Himmelsköpers und $T_{G,y}$ die entsprechende beobachtbare zyklische Umlaufzeit an dessen Oberfläche sind, und im Einklang mit dem dritten *Kepler'* schen Gesetz das Quadrat der *effektiven* Zeit $t_{G,y}^2$ und somit die effektive Frequenz $f_{G,y}$ gegeben ist durch

$$t_{G,y}^2 = \frac{R_{G,y}^3}{G\ M_{G,y}} = a_{G,y}\,\frac{R_{G,y}^2}{c^2} \quad , \tag{3}$$

bzw. durch

$$t_{G,y} = \sqrt{a_{G,y}}\ \frac{R_{G,y}}{c} = \sqrt{a_{G,y}}\ t_{G,y,o} \quad , \tag{3a}$$

siehe zum Vergleich die Gleichung (8) im *Teil I.* Die Werte $g_{G,y}$, $R_{G,y}$, $t_{G,y}$ und $T_{G,y}$ sind durch den Index $_y$ gekennzeichnet, der auf die Masse des entsprechenden Himmelskörpers $M_{G,y}$ bezogen ist.

Die experimentellen Untersuchungen offenbaren, dass das *Weg l – Zeit t - Gesetz der Bewegung*, gegeben durch $l \rightarrow t^2$ und von ***Galileo Galilei*** bei Untersuchungen des freien Falls entdeckt, seine Gültigkeit auch bei der Beschreibung der Zeitbestimmung mittels der Pendelbewegung hat [3, 4]. Das bedeutet, dass *die mittels der Pendelbewegung durchgeführte Erkennung der Kategorie „Zeit" von der atomaren Masse, d.h. in unserem Fall von der Pendelmasse, unabhängig ist.* Diese experimentelle Erkenntnis weist darauf hin, dass es sich hierbei um einen Welle-bezogenen Vorgang handelt, d.h. *die so ermittelte Zeit ist ihrem Wesen nach daher als Welle zu interpretieren.* Die Schlussfolgerung über den Wellenzustand der Pendelzeit kann als Brücke zu den anhand des QHE erlangten Erkenntnissen gelten, da es sich bei den elektromagnetisch-bedingten Oberflächenkanalgegebenheiten im Wesentlichen gleichfalls um Wellenzustände handelt.

Wie im *Teil I* gezeigt wurde, ist für das Auftreten des QHE die ***Differenzierung*** des drei-dimensionalen Raumes verantwortlich, aufgeteilt einerseits in einen Welle-bezogenen zwei-dimensionalen Teil und andererseits in einen ein-dimensionalen Teil, für welchen die Lokalisation charakteristisch ist. Um die *Analogie* zwischen den QHE-Phänomenen und den Gesetzen der Pendelbewegung erkennen und aufzeigen zum können, muss darauf aufmerksam gemacht werden, dass die für den QHE charakteristische *Differenzierung* des drei-dimensionalen Raumes auch bei der Methode der Zeitbestimmung mittels der Pendelbewegung zutage tritt. *Die Zeit*, bestimmt beim Pendeleffekt mittels dessen zyklische Bewegung, weist einen *Wellencharakter* auf, weil *die Bewegung auf den zwei-dimensionalen Raum beschränkt ist. Der dabei notwendig wirksame Effekt der Pendelachse betrifft die dritte Raumdimension, die bei diesem Prozess den ein-dimensionalen Lokalisationseffekt repräsentiert. Diese effektive Differenzierung des drei-dimensionalen Raumes ist*, *wie beim QHE, daher auch bei der Frequenz-, d.h. Zeit-Bestimmung durch den Pendelbewegungsprozess eine notwendige Voraussetzung*.

Weiterhin ist zu beachten, dass beim QHE der Differenzierungseffekt nur *begrenzt* auftritt, und zwar, bedingt durch den Limit-Wert der Lichtgeschwindigkeit c, nur unterhalb des Wertes des elektrischen Limit-Stromes $I^{*}_{SD,o}$, der eine Funktion der Frequenz ist, siehe Gleichung (11) im *Teil I*. ***Die fundamentale Bedeutung der Begrenzung für das nicht nur bei dem QHE, sondern auch bei dem Pendeleffekt gegebenen Auftreten des räumlichen Differenzierungseffektes,*** wird im Folgendem aufgezeigt und im Kapitel 3 experimentell verifiziert werden.

Wie im *Teil I* gezeigt wurde, beruht die Deutung des QHE auf dem Vereinheitlichungsmodell, wodurch ein Zusammenhang des QHE mit der örtlichen gravitativen Feldstärke offenkundig wurde, die mittel der Gravitationszahl $a_{G,y}$ zum Ausdruck kommt. Hierbei, wie im Kapitel 2 des *Teils I* anhand von (7) und (9) demonstriert wurde, ist die auf die Gravitation bezogene Referenzlänge $\lambda_{G,y}$, die gleichsam ein Ausdruck des kosmischen Holismus ist, als ein limitierender Faktor wirksam. Insofern ist es im Rahmen einer analogen Betrachtungsweise der QHE-Phänomene mit der Zeitbestimmungs-methode durch die Pendelbewegung gerechtfertigt (und zwar weil gravitativ bedingt), die Referenzlänge der Pendellänge $l_{P,o}$ mit der gravitativ bedingten Limit-Länge $\lambda_{G,y}$ gleichzusetzen, d.h. $l_{G,P,o} \equiv \lambda_{G,y}$. Wir erhalten in Hinblick auf die Gleichungen (7) und (8) im *Teil I* und die Gleichungen (1) und (2) hier im *Teil II* demzufolge eine *effektive* ***Limit-Pendelzeit*** $t_{G,P,o}$, gegeben durch

$$t_{G,P,o} = \sqrt{\frac{\lambda_{G,y}}{R_{G,y}}}\, a_{G,y}^{3/2} \frac{\lambda_{G,y}}{c} = a_{G,y} \frac{\lambda_{G,y}}{c} = \frac{R_{G,y}}{c} \equiv t_{G,y,o} \quad . \quad (4)$$

Daher ist die effektive Pendel-Zeit im Einklang mit der Gleichung (7), *Teil I*, vereinfacht definierbar durch

$$t_{G,P} = \sqrt{\frac{l_P}{\lambda_{G,y}}}\, t_{G,P,o} = \sqrt{a_{P,y}}\, t_{G,P,o} \equiv \sqrt{a_{P,y}}\, t_{G,y,o} \quad , \quad (5)$$

wobei $a_{P,y}$ die ortsbezogene gravitative Pendellänge-Zahl ist. Demzufolge ist die *effektive* ***Limit-Pendelfrequenz*** $f_{G,P,o}$ gegeben durch

$$f_{G,P,o} = \frac{c}{R_{G,y}} \equiv f_{G,y,o} \quad (6)$$

und die effektive Pendellänge-Frequenz $f_{G,P}$ durch

$$f_{G,P} = \frac{f_{G,P,o}}{\sqrt{a_P}} \equiv \frac{f_{G,y,o}}{\sqrt{a_P}} \quad . \tag{7}$$

Die als fundamental zu betrachtende Gleichung (6) offenbart, dass *bei einem gegebenem Radius des Himmelskörpers* $R_{G,y}$ *eine Limit-frequenz* $f_{G,P,o}$ *gegeben ist, die wegen des Bezugs auf die Lichtgeschwindigkeit* c *nicht überschritten werden kann* – siehe dazu die Erläuterungen im Kapitel 4.

Um die in diesem Kapitel vorgelegte theoretischen Überlegungen zu verifizieren, ist es notwendig die Pendelbewegung bei Pendellängen $l_P \cong \lambda_{G,y}$ zu untersuchen, erwartend, bei einem Pendel der Länge $l_P \cong \lambda_{G,y}$ und vor allem bei $l_P < \lambda_{G,y}$ keine eindeutigen Zeitangaben mehr erhalten zu können. Im folgenden Kapitel wird daher die Bewegung des Pendels in der Nähe der Länge $l_P \cong \lambda_{G,y}$, vor allem bei $l_P < \lambda_{G,y}$ einer genauen Untersuchung unterzogen.

3. Experimentelle Erkenntnisse

Experimentell durchgeführte Beobachtungen der Pendelbewegung auf der Erdoberfläche bei Pendel-Längen $l_P \cong \lambda_{G,Erde} = 4.43 \times 10^{-3}\ m$, d.h. vor allem bei $l_P < \lambda_{G,Erde}$ *offenbaren tatsächlich ein anders-artiges Verhalten als bei Pendellängen* $l_P >> \lambda_{G,Erde}$. Untersuchungen, durchgeführt mittels Fadenpendeln unterschiedlicher Faden-Substanz, wie Haare, Seidenfaden oder Zwirnfaden, wie auch bei verschiedenen Pendelmassen, deuten darauf hin, dass die Bewegung bei $l_P < \lambda_{G,Erde}$ *nicht unverändert in der Ausrichtung*, d.h. nicht allein auf eine <u>*einzige zwei-dimensionale Fläche begrenzt*</u> bleibt. Zusammengefasst heißt das:

1) Die Flächenausrichtung der Pendelbewegung, beobachtet in begrenzter Zeitdauer, kann sich bei $l_P < \lambda_{G,Erde}$ im *drei-dimensionalen* Raum *frei entfalten* und reflektiert <u>*nicht*</u> das Pendelgesetz (1).

2) Die Pendelbewegung scheint bei $l_P < \lambda_{G,Erde}$ stark *gedämpft* zu sein, gekennzeichnet durch eine steile, oder auch abrupte Amplitudenabnahme.

3) Die Art der Pendelbewegung ist von der Beschaffenheit des Pendelfadens abhängig, geprägt von verschiedenen, im drei-dimensionalen Raum möglichen Wahrscheinlichkeitseffekten – siehe dazu die im *Teil III*, Kapitel 3 dargelegten Bemerkungen.

Alle diese Erkenntnisse bestätigen die theoretischen Erwartungen, wonach ab $l_P < \lambda_{G,y}$ ein fundamentaler Wechsel im Pendelzustand zu erwarten ist.

4. Analyse und Diskussion zur längenmäßigen Limitierung des Pendelzeit-Effektes

Der Vergleich des Pendeleffektes mit den Gegebenheiten des QHE führt zu neuartigen Erkenntnissen über Raum und Zeit. Ausgangspunkt des Vergleiches sind zwei Fundamentaleffekte, die sowohl den QHE als auch den Pendeleffekt betreffen. Es ist einerseits der *Dualismus* des Elektrons, der die Basis für die Möglichkeit der Differenzierung des drei-dimensionalen Raumes, d.h. dessen Aufteilung in eine Ein-Dimensionalität und eine Zwei-Dimensionalität getrennt darstellt, *erkennbar als „Gravitation“ und „Elektrizität“*. Andererseits ist es die Lichtgeschwindigkeit c, die als limitierende Funktion zwischen dem Zustand der räumlichen Differenziertheit und der Verwobenheit der Raum-Zeit wirksam ist.

Die Analyse des QHE zeigte, dass der Quantisierungseffekt, betrachtet im Rahmen des elektrischen Stromes I^*_{SD}, begrenzt ist durch die *Compton*-Frequenz f_C, die im Bereich des Elektromagnetismus mit dem Limit-Effekt von c identifiziert werden kann. Wie an Si-MOS-Transistoren und Halbleiter-Heterostrukturen bei tiefen Temperaturen experimentell beobachtet wurde, ist bei elektrischen Strömen $I^*_{SD} < I^*_{SD,o} = m_e f_C$ eine Aufteilung, d.h. eine *Differenzierung* des drei-dimensionalen Raumes vorgegeben, und zwar einerseits in einen der Elektron-Masse zuzuordnenden ein-dime nsionalen Raum, d.h. in einen Lokalisation-Zustand, und andererseits in einen elektromagnetisch bedingten , bzw. Zeit-relevanten zwei-dimensionalen Raum, d.h. in einen Welle-Zustand. Demgegenüber wird ab der Stromstärke $I^*_{SD} > m_e f_C$ eine Annullierung, d.h. ein Zusammenbruch des QHE beobachtet. Demzufolge interpretieren wir diesen Effekt als eine Art Verschmelzung der Ein-Dimensionalität mit der Zwei-Dimensionalität, d.h. der drei-dimensionale Raum-Zustand ist hierbei ungeteilt, d.h. verwoben.

Ein analoger Effekt wird beim Pendeleffekt beobachtet. Die für den Pendeleffekt charakteristische Differenziertheit des drei-dimensionalen Raumes, gegeben durch die ein-dimensionale Pendelachse und senkrecht dazu die zwei-dimensionale Pendelbewegungsfläche, ist begrenzt durch die Länge des Pendels. Wie die Gleichung (6) und das Kapitel 3 zeigen, ist auch hier die Lichtgeschwindigkeit c der wesentliche Begrenzungsfaktor. Bei Pendellängen kleiner als $l_{P,o}$ ist eine Pendelfrequenzbestimmung nicht möglich, sodass wir davon ausgehen dürfen, dass, in Analogie zum QHE, ein Wechsel des Zustands des drei-dimensionalen Raumes stattfindet, und zwar von dessen Differenziertheit in eine Art der Verwobenheit des ein-dimensionalen Raumes mit dem zwei-dimensionalen Raum.

Der Hintergrund der für den QHE charakteristischen Phänomene, vor allem für die Differenzierungsmöglichkeit des drei-dimensionalen Raumes, ist die *Dualität* des Elektrons, welche gegeben ist einerseits durch deren Masse m_e und andererseits durch deren elektrische Ladung e. Die auf den Dualismus des Elektrons zurückführenden charakteristischen Merkmale, reflektierend die experimentellen Erkenntnisse, können, wie folgt, anhand zweier Punkte zusammengefasst beschrieben werden:

1) Die gravitative Wechselwirkung, gegeben durch die Masse des Elektrons m_e, wiederspiegelt die Existenz des ein-dimensionalen Raumes. Die Folge dieses Effektes ist die Existenz der Kategorie „Distanz" bzw. „Länge". Mit der Existenz der m_e – Masse ist verbunden die Vorstellung von *Lokalität*; sie stellt gleichsam die Ausgangsbasis der Statik dar.
2) Die elektrische Wechselwirkung, gegeben durch die Ladung des Elektrons e, wiederspiegelt die Existenz des zwei-dimensionalen Raumes. Im Rahmen des drei-dimensionalen Raumes verläuft der zwei-dimensionale Raum auf den ein-dimensionalen Raum *senkrecht*. Daher bleibt der zwei-dimensionale Raum von dem ein-dimensionalen Raum voneinander unabhängig. Die Folge der Wechselwirkung der elektrischen Ladungen ist die Existenz der Kategorie „Frequenz", wobei deren inverse Größe die „Zeit" normalerweise durch den Bezug auf die räumliche Ein-Dimensionalität erfahrbar wird. Mit der Existenz der elektrischen Ladung, d.h. der Existenz der Frequenz ist verbunden die Vorstellung von *Welle* und somit von Ort- bzw. Raum-Unabhängigkeit; sie stellt gleichsam die Ausgangsbasis der Dynamik dar.

Diese im Punkt 1) und 2) aufgezeigten Merkmale des drei-dimensionalen Raumes offenbaren, warum *bei Material-, d.h. Atom-*

Masse-unabhängigen Prozessen der Begriff „***Geschwindigkeit***“ nicht vorgegeben ist und warum bei der Gegenüberstellung von „Distanz“ (d.h. Raum) mit der „Frequenz“ (d.h. indirekt mit der „Zeit“) einzig und allein der Begriff „***Beschleunigung***“ angewendet werden kann und muss. Diese Feststellung reflektiert die Gegebenheit des freien Falls als auch die Beschreibung der Zeit-bezogenen Pendelbewegung. Diese Besonderheit, die bei Atom-Masse-unabhängigen Prozessen zum Vorschein kommt, offenbart, dass *normalerweise die elektromagnetischen Phänomene bzw. die Frequenz (d.h. in indirekter Form die Zeit) als Ort- bzw. Raum-unabhängige Welle-Gegebenheiten zu bewerten sind* und dass eine Verknüpfung von Welle-Zustand mit lokalisiertem Zustand durch Beobachtung, d.h. nur mittels Massen gegeben ist. Diese Schlussfolgerung ist z. B. auch beim QHE anhand der Orts- bzw. Raum-Unabhängigkeit des diagonalen Widerstandes $\rho_{xx} = 0$ erkennbar, ein Effekt, der als außergewöhnliche Besonderheit des QHE bewertet wird.

Hierzu ist, kurz gefasst, folgende zusätzliche Erläuterung notwendig: Die lineare Kopplung zwischen Distanz (Länge) und Frequenz (Zeit), genannt *Geschwindigkeit*, ist in der Natur nur dann gegeben, wenn der Zustand der alleinigen Differenzierung zwischen Ein-Dimensionalität und Zwei-Dimensionalität nicht durchwegs gegeben ist. Dieser Zustand ist z.B. beim QHE ab dessen Zusammenbruch der Fall, d.h. wenn bei Elektrizität-bezogenen Prozessen statt des Welle-Zustandes die Lokalisation, d.h. der Zustand der m_e-Massewirkung *vorherrschend* ist.

Es ist evident, dass bei der Findung der Randbedingungen, die bei der Bestimmung der Zeit bzw. Frequenz anhand des Pendels als maßgebend zu betrachten sind, die Aussagen der Punkte 1) und 2) berücksichtigt werden müssen. Aus ihnen folgt, dass die Form des Pendels der maßgebende Faktor sein muss. Es ist vor allem die *Achse des Pendels*, die ausschlaggebend ist. Die Pendelachse muss an die Himmelskörpermasse, in unserem Fall an die Erdmasse, fix gekoppelt sein, d.h. die notwendige Randbedingung für die Zeitbestimmung mittels eines Pendels ist die gravitativ bedingte, d.h. rein statisch geprägte Verbindung der Achse mit der Masse des Himmelskörpers $M_{G,y}$. *Dadurch findet eine Identifizierung der Achse als lokalisierter Festkörper mit der lokalisierten Masse* $M_{G,y}$ *statt.* Die Folge ist, dass auf diese Weise die Achse, gravitativ betrachtet, zum Bestandteil der (Erd-)Masse wird. Das wiederum bedeutet: Die Pendellänge $l_P \rightarrow$ Pendelfrequenz $f_{G,P}$ – Relation ist im Rahmen der Dynamik nicht, wie beim dritten *Kepler'*schen Gesetz wegen der *sphärischen* Form des Himmelkörpers, d.h. wegen des Bezugs auf den drei-dimensionalen Raum, von der Gravitationszahl $a_{G,y}$ abhängig. Das heißt, die $l_P \rightarrow t^2_{G,P}$ – Relation ist im Zusammenhang mit der Identifizierung der Pendelachse mit der Erd-Masse $M_{G,Erde}$ wegen des Differenzierungs-Zustands *gravitativ* ein-dimensional zu betrachten, d.h. sie ist, räumlich bewertet, daher direkt auf $\lambda_{G,Erde}$ bezogen anzusetzen. Insofern ist die *Bezugslänge*, statt wie beim dritten *Kepler'*schen Gesetz wegen dessen Drei-Dimensionalität durch $R_{G,Erde} = 6.37 \times 10^6\ m$, beim Pendel durch $l_{P,o} = \lambda_{G,Erde} = 4.43 \times 10^{-3}\ m$ gegeben. *Demzufolge ist wegen des vorgegebenen Differenzierungs-effektes die auf die Pendellänge bezogene Pendelfrequenz* $f_{G,P}$ *, wie die Gleichung (7) offenbart, nicht mittels* $\sqrt{a_{G,y}}$ *, sondern dur* $\sqrt{a_{P,y}}$ *modifiziert.*

Die bedeutsame Konsequenz dieses ein-dimensional zu bewertenden Identifikationseffektes der Pendelachse mit der $M_{G,Erde}$ - Masse ist, dass beim Pendel-Fall (gesehen im Vergleich zu dem im *Teil I* beschriebenem QHE) *durchwegs kein Temperaturlimit wirksam werden kann*, da hier der Differenzierungseffekt des drei-dimensionalen Raumes bei jeder Temperatur vorgegeben ist. *Folglich ist die Zeitbestimmung mittels des Pendels nicht durch ein Temperaturlimit begrenzt, d.h. sie ist Temperatur-unabhängig.*

Weiterhin, d.h. im Einklang mit dem Identifizierungsmodell, können daher senkrecht zu der Pendelachse in einer zwei-dimensionalen Fläche dynamische, d.h. zyklische Pendelausschläge beobachtet werden, die sich anhand der Gleichung (7) sehr gut zur Frequenz- d.h. Zeit-Bestimmung eignen. Das bedeutet, dass der Lokalisationsvorgang, d.h. die Beobachtung der Pendellänge, d.h. der Faktor $\sqrt{a_{P,y}}$, beim Erfassen der Frequenz bzw. der Zeit die ausschlaggebende Rolle spielt. Daraus kann man wiederum die bedeutsame Schlussfolgerung ziehen, dass die ***Proportionalitäts-Zahlen*** $\sqrt{a_{P,y}}$ *in (5) bzw. (7), aber weiterhin auch* $\sqrt{a_{G,y}}$ *in (3a) und im Teil I bei den Gleichungen (10a,b) und (16), und auch die Proportionalitätszahl* $a_{G,y}$ *bei den Gleichungen (7) und (14) im Teil I,* ***als Raum-, d.h. Gravitation- bezogene Lokalisationsfaktoren zu betrachten sind.***

Insofern kann der Faktor $a_{G,y}^{3/2}$ in den Gleichungen (4) bzw. (8) des *Teils I* als ein „quasi dreifacher“ Lokalisationsfaktor interpretiert werden, der sich im Rahmen des dritten *Kepler'*schen Gesetzes mittels des Zeitquadrats $t_{G,y}^2$ auf die Drei-Dimensionalität des Raumes bezieht. Demzufolge können wir anhand des dritten *Kepler'*schen Gesetzes postulieren, dass die *Existenz der Kategorie „Zeit“* gleichsam als ein physikalischer Hinweis auf die holistische Geschlossenheit des Kosmos bewertet werden kann. Einen zusätzlichen Beweis für diese These wird im nächsten Kapitel anhand der Deutung des *Foucault'*schen Pendeleffektes vorgelegt.

5. Die Aussagekraft des *Foucault'*schen Pendeleffektes

Die im Kapitel 2 dargelegten Gleichungen (4) – (6) wie auch der *Teil I* demonstrieren, dass zur Beschreibung dynamischer Prozesse sowohl beim Pendeleffekt wie auch beim dritten *Kepler'*schen Gesetz die Basislänge $\lambda_{G,y}$ effektiv verwendbar ist. Wie im *Teil I* anhand der Gleichung (9) gezeigt wurde, ist $\lambda_{G,y}$ gegeben sowohl durch die Masse des Himmelskörper $M_{G,y}$, als auch durch die *Planck*-Masse M und die *Planck*-Länge L, die, holistisch betrachtet, den ganzen Kosmos reflektieren. Diese nicht unwesentliche Tatsache ist der Hintergrund für die *Foucault'*sche Entdeckung, dass neben der normalen Pendelbewegung im drei-dimensionalen Raum in Abhängigkeit vom Breitegrad des Beobachtungsortes eine Kreisbewegung der Pendelbewegungsfläche stattfindet, welche die Himmelskörper-, d.h. Erd-Rotation wiederspiegelt [5]. Diese Kreisbewegung demonstriert die kausale Verbindung des Pendeleffektes mit dem Kosmos, bedingt durch die Verknüpfung der Größen $t_{G,P}$ bzw. $f_{G,P}$ mittels der Lichtgeschwindigkeit c und der Pendellänge-Zahl $\sqrt{a_{P,y}}$ mit der Basislänge $\lambda_{G,y}$, und somit mit L und M. Gesehen im Rahmen des im Kapitel 4 Pendeleffekt-bezogenen Differenzierungs-modells offenbart daher *der* ***Foucault'sche Pendeleffekt*** den kausalen Bezug der Kategorie „Zeit" bzw. „Frequenz" an die universalen *Planck*-Werte L *und* M, und **demonstriert auf diese einfache Weise die *holistische* Masse-Raum-Zeit-Verknüpfung.**

6. Abschließende Bemerkungen

Abschließend darf aus der Gegenüberstellung des QHE mit der Pendelbewegung die Schlussfolgerung gezogen werden, dass *der* ***Dualismus des Elektrons*** *verantwortlich gemacht werden kann* für die Möglichkeit der Zeitbestimmung durch das Pendel, aber auch, wie im *Teil I* gezeigt wurde, für die beobachteten elektromagnetischen Anomalien des QHE und somit *für die Strukturierung des drei-dimensionalen Raumes in Form einer differenzierten Aufteilung in eine die Gravitation wiederspiegelnde Ein-Dimensionalität und eine* *den Elektromagnetismus bzw. die Frequenz (d.h. die Zeit) reflektierende Zwei-Dimensionalität.* Aufbauend auf diesen Schlussfolgerungen konnte die Zeit- bzw. Frequenz-Bestimmungsmöglichkeit anhand des Pendeleffektes theoretisch beschrieben und die durch die Lichtgeschwindigkeit c bedingte Begrenzung experimentell dokumentiert werden. *Dieser Erfolg kann als eine Verifizierung der anhand des QHE postulierten Strukturierung des Raumes aufgefasst werden.* Außerdem wurde gezeigt, und zwar ausgehend von der Referenz-Pendellänge $l_{G,P,o} \equiv \lambda_{G,y}$, dass *anhand des Foucault'schen Pendel-Effektes die Hypothese über die holistische Einheit des Masse-Raum-Zeit-Seins erhärtet werden kann.*

Um die im *Teil I, Kapitel 4,* dokumentierte, mittels der Gleichungen (23) – (25) aufgedeckte *kausale* Verbindung des QHE zur Temperatur T interpretieren zu können, werden im folgenden *Teil III* die Phänomene der Wärme, d.h. die Effekte der spektralen Strahlung und der klassischen Thermodynamik einer ausführlichen Analyse unterzogen, die es ermöglicht, und zwar in Hinblick auf die im *Teil I* und *Teil II* aufgezeigte Struktur des Raumes, eine Interpretation über das Wesen der Wärme vorzulegen und im Einklang damit eine *neuartige These über die* ***Exklusivität der Kausalität im Kosmos*** *zu präsentieren*.

Literatur

[1] Dorda G.: „Quantisierte Zeit und die Vereinheitlichung von Gravitation und Elektromagnetismus". Göttingen, Cuvillier Verlag, 2010, pp. 31 - 47.
[2] Vogel H.: „Gerthsen Physik". Berlin: 1997 Springer, p. 77 -78.
[3] Bellone E.: Galileo Galilei: „Leben und Werk eines unruhigen Geistes". Spektrum der Wissenschaft, Biografie. Scientific American. D-69038 Heidelberg, November 1998, Seite 27 – 41.
[4] Hemleben J.: „Galilei". rororo, bild monographien, rm 156. Rowohlt Taschenbuchverlag, Hamburg, September 1969, Seite 27–28.
[5] siehe [2], Seite 50.

Teil III

Die raumbezogene Beschreibung der spektralen Strahlung, der Thermodynamik und des *Avogadro-Loschmidt*-Gesetzes

1. Einleitung

Die Wärmelehre ist eine Lehre der Kinematik. Der Ansatz dieses Modells geht davon aus, dass zwischen der Wärmeenergie und der Massengröße der Wärmeträger ein direkter Zusammenhang vorgegeben ist [1]. Dieser Ansatz kann nicht allgemein gültig sein, da er für den Fall des Gas-Zustands in einem klaren Widerspruch zu den Erkenntnissen von ***Amedeo Avogadro*** (1776-1856) und ***Johann Joseph Loschmidt*** (1821-1895) steht, welche zeigen, dass bei der Beschreibung des Wärmezustandes eines idealen Gases **nicht die atomare Massenwertegröße, sondern die *Anzahl* , d.h. eine quantisierte Zahl** der Wärmeträger von ausschlaggebender Bedeutung ist. Dieses offenkundige Paradoxon kann gelöst werden, wenn wir davon ausgehen, dass *die Wärme, besser gesagt die Temperatur, in einer indirekten Relation zu der Kategorie Raum bzw. Länge steht.* Das heißt, wir postulieren, dass die Dimension der Temperatur $[m^{-1}]$ ist. Basierend auf der daraus folgenden Annahme des direkten Zusammenhangs zwischen dem dreidimensionalen Raum und der Temperatur erlaubt dieses Modell einen neuartigen, *quantisierten* Zugang zum Erfassen der Wärme-bezogenen kinematischen Prozesse.

Wie allgemein bekannt ist, gibt es in der Natur eine *indirekte* Proportionalität zur Kategorie Zeit, genannt Frequenz. Da eine existenzielle Verbindung zwischen der Kategorie Zeit und der räumlichen Kategorie Länge, z.B. in Form der Lichtgeschwindigkeit, besteht, führt uns diese Tatsache zu der Fragestellung, ob nicht in der Natur eine weitere Größe gegeben ist, die in einer indirekten Proportionalität zur Kategorie Länge vorzufinden ist. Dieser Gedanke erfährt seine Rechtfertigung durch die erstmals von ***Wilhelm Wien*** (1864-1928) experimentell bei dem Studium der Wärmestrahlung beobachtete Verschiebung des ausgestrahlten Wellenlängenmaximums mit der Temperatur. Das sog. *Wien'*sche Verschiebungsgesetz offenbart, dass die Relation zwischen dem maximalen Wert des beobachtbaren Strahlenvorgangs, gegeben durch die Wellen-Länge $\lambda_{\max}$, und der Temperatur des Schwarzen Körpers durch eine Naturkonstante beschrieben werden kann, d.h. $\lambda_{\max} T = konst.$. Diese verblüffende Erkenntnis, die allgemeine Gültigkeit hat, kann als eine experimentelle Verifizierung der angenommenen indirekten Proportionalität der Temperatur zur räumlichen Länge bewertet werden.

Diese Hypothese wird in den folgenden Kapiteln ausführlich erläutert und analysiert werden. Es wird gezeigt, dass diese Annahme es erlaubt, und zwar in quantisierter Form, einen Zusammenhang zwischen der klassischen Thermodynamik und der Temperaturstrahlung offenkundig zu machen. Diese Entdeckung ermöglicht es, die physikalische Basis des *Avogadro*-Gesetzes und der *Loschmidt*-Zahl N_L, die eine auf das Raumvolumen bezogene *Quantenzahl* ist, aufzudecken. Es wird gezeigt, dass das auf diesem Ansatz beruhende neuartige quantisierte Modell der Thermodynamik und die Beschreibung der *Loschmidt*-Anzahl anhand der Gegebenheiten der Erdatmosphäre verifiziert werden kann, gefolgt von der Feststellung, dass *die durch N_L festgelegte spezifische Grenzsituation auf der Oberfläche von Himmelskörpern als eine Voraussetzung für die Existenz organischen Lebens zu interpretieren ist.*

2. Die Konsequenzen der neuartigen Beschreibung der Wärmeeffekte

Aus der Annahme, dass die Temperatur T indirekt proportional zur räumlichen Länge ist, d.h.

$$T = [m^{-1}] \quad , \tag{1}$$

folgt, dass die Boltzmann-Konstante, gegeben durch

$$k = 1.38066 \times 10^{-23} \; J\, m \quad , \tag{2}$$

die Dimension $[J\,m]$ haben muss, damit die Dimension der Wärme-Energie, gegeben durch kT, als unverändert betrachtet werden kann.

Weiterhin folgt daraus, dass die Kategorie Volumen V in einer indirekten Proportionalität zu T^3 zu interpretieren ist, d.h.

$$V \;=\; T^{-3} \;=\; [\,m^3\,] \;. \tag{3}$$

Das bedeutet, dass wir als Basis zur Beschreibung der experimentell erfassten Temperaturstrahlung eine von der Wellenlänge λ_x und Temperatur T abhängige neuartige *Wärmeenergie–Raumvolumen –*, bzw. *Wärmekraft–Raumfläche – Kopplungsgleichung* σ_T definieren können. In Anlehnung an die von ***Max Planck*** initiierte, für die Beschreibung der Strahlungseffekte bedeutsame Form des Nenners, gegeben durch $\exp(h f_x / kT) - 1$ [1], formulieren wir σ_T durch

$$\sigma_T \;=\; a_T \,\frac{T^3\, kT}{e^{\frac{h f_x}{kT}} - 1} \;=\; a_T \,\frac{kT}{V}\, \frac{1}{e^{\frac{h\,c}{\lambda_x kT}} - 1} \qquad [\,J\,m^{-3} \;\equiv\; N\,m^{-2}\,] \tag{4}$$

Hier in (4) ist f_x die Frequenz der Wellenlänge λ_x, h die *Planck*-Konstante und c die Lichtgeschwindigkeit. Da die durch σ_T erfasste Strahlungsintensität von der Größe des strahlenden Körpers abhängig sein dürfte, wurde in (4) a_T als eine Proportionalitätszahl hinzugefügt. In der Gleichung (4) erscheint im Nenner neben der Exponentialfunktion auch die Zahl -1 ; sie ist die Basis für die einheitliche Darstellung des Strahlungsprozesses, erfassend sowohl den aufsteigenden, als auch absteigenden Abschnitt der Strahlungsintensität. Diese Zahl -1 wird im Folgenden weggelassen, und zwar unter der als fundamental zu betrachtenden Annahme, dass der mit der Photonenwellenlänge zu beobachtende aufsteigende Teil und der abfallende Teil der spektralen Strahlung *zwei unterschiedliche Formen* des Strahlungsprozesses darstellen.

Ein erster Hinweis auf die Notwendigkeit der Aufteilung der Beschreibung des Wärmestrahlungsprozesses ist erkennbar anhand der Tatsache, dass die Dimension von (4) in zweierlei Form gegeben ist, und zwar durch [$J\ m^{-3}$] oder [$N\ m^{-2}$] , d.h. diese σ_T-Funktion beschreibt unter der Annahme (1) entweder eine feste *Verknüpfung* der Wärmeenergie mit dem drei-dimensionalen Raum oder eine *Zuordnung* der Photonen-bedingten Wärmekraft an die zwei-dimensionale Fläche.

Zunächst wenden wir uns der Beschreibung des sog. ***Wien'schen Strahlungsgesetzes*** zu. Unter der Berücksichtigung von (1) und (3) ergibt sich aus (4) für den Fall der Beschreibung des *Wien'*schen Strahlungsgesetzes, welches mit sinkender Photonenwellenlänge λ_x den Bereich der abnehmenden Strahlungsintensität erfasst, d.h. bei $\lambda_x < \lambda_{\max}$, die folgende Form

$$\sigma_{T,W} = n_T \frac{1}{\left[\exp\left(\frac{h c}{k \lambda_x T}\right)\right]} \frac{1}{2\alpha} \frac{k T}{\lambda_x^3} = n_T \frac{1}{\left[\exp\left(\frac{h c}{k \lambda_x T}\right)\right]} \frac{k T}{V_{o,x}} \qquad (5)$$

und zwar begrenzt anhand eines Maximums, gegeben annähernd bei $\lambda_x^3 = \lambda_{\max}^3$. Die Proportionalitätszahl a_T wurde in (5) aufgeteilt in $a_T = n_T (2\alpha)^{-1}$, wobei α die Feinstrukturkonstante ist und n_T eine Quantenzahl darstellt, die daher bei der Referenzformulierung den Wert $n_T = 1$ hat. Die Begründung für diese Art von Aufteilung der Proportionalitätszahl a_T wie auch für die Deutung der *Exponentialfunktion* als ***Wahrscheinlichkeitsfaktor***, wird erst im nächsten Kapitel klargestellt werden.

Bezug nehmend auf unsere Hypothese (1) bzw. (3) wurde in der Gl. (5) der Kubus der Temperatur T anhand der dreidimensionalen Volumenzelle λ_x^3 angegeben, und zwar in Verbund mit der Feinstrukturkonstante α, d.h. wir definieren ein drei-dimensionales Referenzvolumen $V_{o,x}$ anhand von

$$V_{o,x} = 2\alpha\lambda_x^3 = T^{-3} . \qquad (6)$$

Die Begründung für die Ankopplung von 2α an λ_x^3 folgt im nächsten Kapitel. Insgesamt betrachtet heißt das, dass *anhand der Gleichung (5) eine* ***Wärmeenergie – drei-dimensionaler Raum – Kopplung*** *definiert wird.*

Eine weitere fundamentale Annahme, die hierbei berücksichtigt werden muss, betrifft das sog. ***Wien'sche Verschiebungsgesetz***. Das durch *Wilhelm Wien* experimentell entdeckte Gesetz besagt, dass der Exponent von (4) im Maximum des Strahlungsvorgangs gegeben ist durch

$$\frac{hc}{k\,\lambda_{\max}\,T}\,, \tag{7}$$

wobei als Folge des Postulats (1) die sog. ***Wien'schen Verschiebungskonstante*** $\lambda_{\max}T$ durch eine universell-gültige dimensionslose Zahl

$$\lambda_{\max}\,T\;=\;3.40...\times 10^{-3} \tag{8}$$

angegeben werden kann. *Die fundamentale Bedeutung des in (8) angegebenen Wertes, die auf* dem *funktionellen Zusammenhang zwischen dem Zahlen-Wert der Feinstrukturkonstante* α (*auch Kopplungskonstante genannt*) *und der Zahl der Gleichung (7) beruht*, wird gleichfalls im nächsten Kapitel im Rahmen der Analyse des *Wien'*schen Strahlungs- bzw. Verschiebungs-Gesetzes offengelegt und zusätzlich im *Teil IV* auf dessen philosophisch-theologische Aussagekraft aufmerksam gemacht werden.

Es ist darauf hinzuweisen, dass die in der Gleichung (8) angegebene Zahl sich von dem durch *Wien* experimentell festgestellten Wert 2.898×10^{-3} [2], Seite 322, um 17 % unterscheidet. Der auf der Abb.1 und vor allem Abb.2 gut erkennbare kuppelartige Verlauf der $\sigma_T\ vs.\,\lambda_x$ – Abhängigkeit weist bei $\lambda_{\max}$ darauf hin, dass es sich hierbei um den gleichzeitig auftretenden *Rayleigh-Jeans-* und *Wien'*schen Strahlungsprozess handelt, der diese 17 % Wellenlänge-Differenz der *Wien'*schen Verschiebungskonstante erklärbar macht.

Im Vergleich dazu offenbart die in Anlehnung an die allgemein akzeptierte, von *Max Planck* dargelegte und von *Albert Einstein* ergänzte Beschreibung des Strahlungsprozesses zu dem experimentell festgestellten Wert $\lambda_{\max}$ *eine Wellenlänge-Differenz von 76 %*, die gut erkennbar ist auf der Abb.1 ; sie ist entnommen aus [1], Seite 544-

545. Außerdem muss auch darauf hingewiesen werden, dass die Relation zwischen der $\lambda_{\max}$ Wellenlänge und der anhand der *Planck'*schen Strahlungstheorie berechnete f_{max} Frequenz einen konstanten Wert für die sog. theoretische Lichtgeschwindigkeit der Größe $c_{theor} = 1.72 \times 10^8 \, m/s$ ergibt, was jeder experimentellen Erfahrung widerspricht. Dieser theoretisch abgeleitete konstante Wert für die Lichtgeschwindigkeit ist hierbei vom Umfeld, d.h. von der Art des Festkörpers und des Gases, d.h. von Masse und Raum, aber auch von der Temperatur *unabhängig*. Das bedeutet, die Relation zwischen dem allgemein verwendeten Wert der Lichtgeschwindigkeit $c = 2.9979 \, m/s$ und der hier theoretisch abgeleiteten Lichtgeschwindigkeit $c_{theor} = 1.72 \times 10^8 \, m/s$, gegeben durch $c/c_{theor} = 1.74$, ist als *universelle, physikalisch nicht deutbare Konstante* zu betrachten. Es ist evident, dass dieser paradoxe Umstand aus der Voraussetzung der Existenz eines Strahlungskontinuums resultiert, eine Annahme, die in der *differenziellen* Darstellung des spektralen Strahlungsvorgangs, wie sie in der *Planck'*schen Strahlungstheorie formuliert ist [1], voll zum Tragen kommt. Das zeigt, dass die Ausgangsbasis der *Planck'*schen Strahlungstheorie, das Strahlungs*kontinuum*, die Erkenntnisse über die *quantisierte* Struktur der Photonenstrahlung der Atome keineswegs reflektiert. Insofern ist es berechtigt, die *Planck'*sche Strahlungstheorie, wie im Weiteren gehandhabt, unter einem *kritischen* Gesichtspunkt zu betrachten.

Um die vorgelegten Hinweise für eine neue Strahlungstheorie und somit auch für eine neue Thermodynamik durch experimentelle Ergebnisse und deren Analysen zusätzlich untermauern zu können, sind auf der Abb.1 die experimentell beobachteten spektralen Verläufe der sog. Wärmeenergie – drei-dimensionale Raum – Kopplungsgleichung σ_T in Abhängigkeit von der Wellenlänge λ_x gezeigt, und zwar für die Temperatur 1000 °*K*, 1500 °*K* und 2000 °*K*, siehe die schwarzen durchgehenden Kurven [1]. Weiterhin, im Vergleich dazu, und zwar exemplarisch für den Fall von 2000 °*K*, sind *theoretisch* berechnete σ_T *vs.* λ_x −Verläufe gezeigt: Erstens der Verlauf, der das *Wien'*sche Strahlungsgesetz, d.h. die Gleichung (5) repräsentiert, gegeben durch die vollgezogene rote Kurve; zweitens der Verlauf, der das *Rayleigh-Jeans*-Strahlungsgesetz, d.h. die Gleichung (9) reflektiert, gegeben durch die grüne Kurve; und drittens der Verlauf des durch die Gleichung (4) repräsentierten *Planck'*schen Strahlungsgesetzes, d.h., gegeben durch die gemeinsame, d.h. fortlaufende rote *und* rot gestrichelte Kurve.

Hier sei zu beachten, dass die Werte der theoretischen Kurven anhand des maximalen Wertes der experimentellen Kurve von 2000 °*K* genormt sind, d.h. anhand des Wertes $kT/\lambda_{\max}^3$, gegeben bei T = 2000 °*K* durch den aus der Gl. (8) resultierenden Wert $\lambda_{\max} = 1.46\times10^{-6}\ m$. Diese durch den maximalen Experimentalwert festgelegte Normierung hat zur Folge, dass die Kurven der Gleichungen (5) und (9) in einer gewissen Distanz zu dem Verlauf der experimentellen Kurve verlaufen, siehe Abb.1. Dieser Distanzeffekt ist temperaturabhängig und nimmt mit steigender Temperatur ab. Eine Analyse dieser Gegebenheit deutet darauf hin, dass dieser Prozess im Wesentlichen bedingt ist durch das im Bereich um $\lambda_x \approx \lambda_{\max}$ gleichzeitige Auftreten beider Prozesse, d.h. des *Rayleigh-Jeans-* und des *Wien'*schen Strahlungsprozesses, bedingt wahrscheinlich durch den Ort-abhängigen Wechsel von der Kausalität (gegeben in (9)) zur a-Kausalität, d.h. zur exponentiellen Form der Wahrscheinlichkeitseffekte (gegeben in (5)).

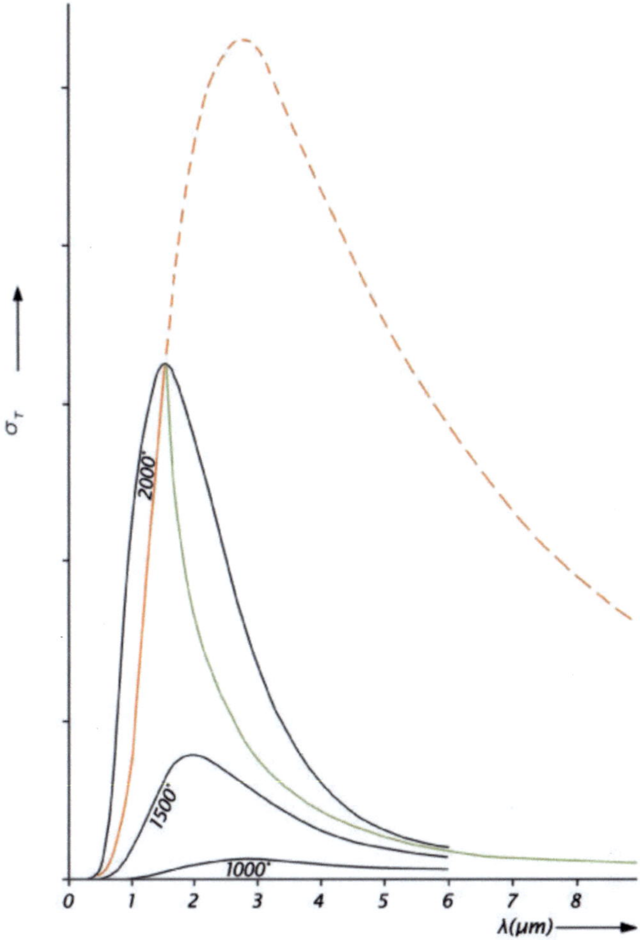

Abb.1 : Spektrale Intensitätsverteilung des Schwarzen Körpers, entnommen aus [1]. Die Temperatur ist in °*K* angegeben. Die schwarzen Kurven repräsentieren die experimentellen Daten, gemessen bei den angegebenen Temperaturen. Die rote volle Kurve stellt den Verlauf des *Wien´*schen Strahlungsgesetzes (5) dar, die grüne Kurve denjenigen des *Rayleigh-Jeans*-Strahlungsgesetzes (9), die gestrichelte rote Kurve, gemeinsam mit der roten vollen Kurve repräsentieren den Verlauf des *Planck´*schen Strahlungsgesetzes (4). Die farbigen Kurven sind berechnet, betreffen die Temperatur von 2000 °*K* und repräsentieren Referenzwerte, d. h. n_T = 1. Die theoretischen σ_T - Werte sind anhand des bei 2000 °*K* experimentell beobachteten σ_T - Maximums normiert.

Die Angaben des Nenners in (4) repräsentieren, wie schon darauf hingewiesen wurde, den Grundgedanken des *Planck'*schen Strahlungs-Gesetzes. Der Verlauf der theoretisch berechneten Strahlungskurve, gegeben durch die rote und rot gestrichelte Kurve, offenbart auf der Abb.1 in überzeugender Weise, dass dieses Gesetz *den experimentellen Daten im Bereich des Verlaufs des Rayleigh-Jeans-Strahlungsgesetzes und vor allem, wie schon darauf aufmerksam gemacht wurde, im Maximum des σ_T − Verlaufs keineswegs entspricht*. Daher erscheint es in Hinblick auf die experimentell erkundeten Daten voll vertretbar zu sein, das ***Rayleigh-Jeans-Strahlungsgesetz*** anhand der folgenden Gleichung zu formulieren:

$$\sigma_{T,RJ} \quad = \quad \frac{kT}{\lambda_x^2\,\lambda_{\max}} \; [J\,m^{-3} \equiv N\,m^{-2}] \quad . \qquad (9)$$

Das Maximum dieser Gleichung ist durch $\lambda_x^3 = \lambda_{\max}^3$ gegeben, welches identisch mit dem Maximum der Gleichung (5) ist, siehe die Abb.1 . Die Gleichung (9) ist wegen der Verwendung $n_T = 1$, d.h. in Einklang mit der Gl. (5), als *Referenz*gleichung zu interpretieren.

Die Gl. (9) demonstriert, quasi in Analogie zur *Planck'*schen Strahlungstheorie, eine funktionelle Abhängigkeit des $\sigma_{T,RJ}$ von λ_x^{-2}. Die Abbildung 2 zeigt, dass die in (9) theoretisch festgelegte Abhängigkeit des $\sigma_{T,RJ}$ von λ_x^{-2} den experimentellen Befund recht gut wiederspiegelt. Wegen der Unkenntnis der echten Angabe von n_T sind die zahlenmäßigen Angaben des Wertes von σ_T in Abb.2 als relative Werte zu betrachten, ohne aqber dabei die physikalischen Aussagen der Kurven zu schmälern.

Die Gl. (9) offenbart, dass im *Rayleigh-Jeans-Strahlungsgesetz* die Unschärfewirkung des Wahrscheinlichkeitsfaktors (gegeben in der *Wien'*schen Strahlungsgleichung (5) in der Wirkung des Verbundes der Exponentialfunktion mit der Feinstrukturkonstanten α), in der Abhängigkeit des $\sigma_{T,RJ}$ von λ_x nicht vorhanden ist. Insofern ist es plausibel, und zwar in Hinblick auf die im folgenden Kapitel durchgeführte Diskussion über die Funktion der Feinstrukturkonstante und des Wahrscheinlichkeitsfaktors im Strahlungsprozess, *das Rayleigh-Jeans-Strahlungsgesetz* (und zwar gesehen im Gegensatz zum Wien´schen Strahlungsgesetz) *als kausal zu bewerten.*

Das Referenzvolumen in (9) ist durch $\lambda_x^2 \lambda_{\max}$ gegeben. Das bedeutet, dass der $\lambda_{\max}$ - Wert die Lichtgeschwindigkeit, d.h. die Richtung bzw. die dritte Raumdimension des Photonenstrahls repräsentiert, weil λ_x^2 die Absorptionsfläche der Photonen darstellt. Folglich dürfen wir postulieren, dass das *Rayleigh-Jeans*-Strahlungs-gesetzt, d.h. die Gleichung (9), den direkten Strahlungseffekt beschreibt, wogegen beim *Wien´*schen Strahlungsgesetz, gegeben durch die Gleichung (5), die Strahlung anhand der Wärmeenergie definiert wird.

Zusammenfassend kann postuliert werden, und zwar im Einklang mit den in den folgenden Kapiteln gezeigten Analysen, dass die theoretisch abgeleitete Beschreibung der Gleichungen (5) und (9), gesehen im Vergleich zum *Planck´*schen Modell, als physikalisch gerechtfertigter zu betrachten ist. Im folgenden Kapitel wird zunächst die fundamentale Bedeutung der in der Gleichung (5) gegebenen Exponentialfunktion erläutert.

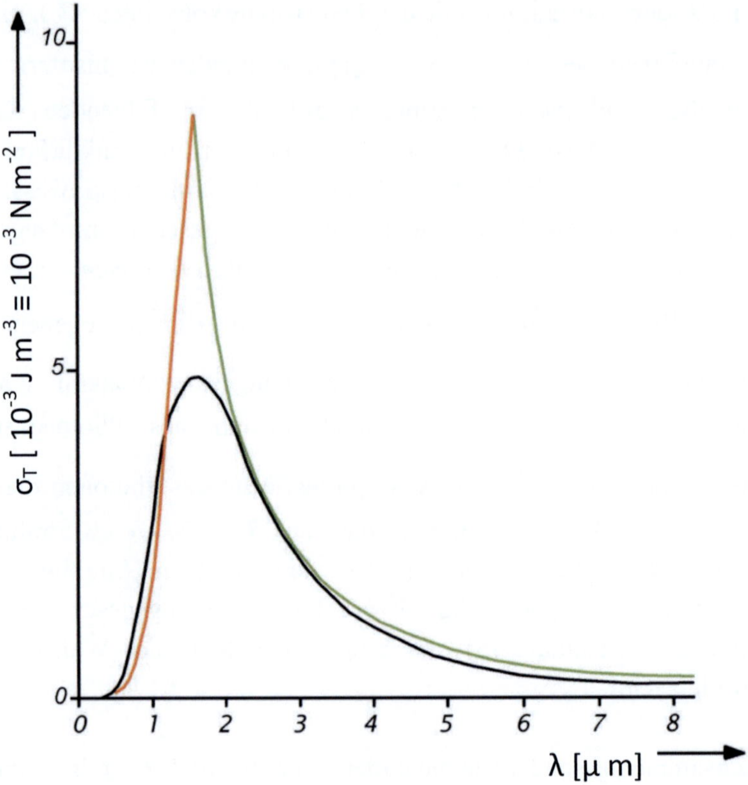

Abb.2 : Die Strahlungsintensitätsverteilung σ_T eines Schwarzen Körpers bei 2000 °*K* in Abhängigkeit von der Wellenlänge λ_x. Die schwarze Kurve repräsentiert das in Abb.1 aufgezeigte experimentell beobachtete Ergebnis [1]. Die rote Kurve zeigt den Verlauf des durch die Gleichung (5) gegebenen *Wien´*schen Strahlungsgesetzes für $\lambda_x < \lambda_{\max}$ bis zum $\lambda_{\max}$, und die grüne Kurve den Verlauf des durch die Gleichung (9) gegebenen *Rayleigh-Jeans*-Strahlungsgesetzes für $\lambda_{\max} < \lambda_x$, gleichfalls bis zum $\lambda_{\max}$- Wert. Bei beiden Kurven ist $n_T = 1$ angenommen. Der theoretische $\lambda_{\max}$- Wert resultiert aus der maximalen Anpassung der theoretischen Werte an die experimentellen Daten, entnommen aus [1]. Die Relation zwischen dem theoretischen und experimentellen Wert des Strahlungsintensitätsmaximums, gegeben durch $\sigma_{T,\max}(theor.) / \sigma_{T,\max}(\exp er.)$, ist bei 2000 °*K* ca. 1.8 groß.

3. Die Analyse der Wärmeenergie-Raum-Kopplung

Im *Teil I* offenbarte die Analyse des QHE, dass der Dualismus des Elektrons der Ausgangspunkt war, der auf die fundamentale Bedeutung der Struktur des Raumes aufmerksam gemacht hatte. Er führte der zu der Formulierung der Differenzierung des drei-dimensionalen Raumes, aufgeteilt einerseits in den ein-dimensionalen Raum, bezogen auf die gravitative Wechselwirkung, und andererseits in den davon unabhängigen zwei-dimensionalen Raum, bezogen auf die kausale elektromagnetische Wechselwirkung. Weiterhin wurde gezeigt, dass als limitierender Parameter neben der beim Limit-Strom $I^*_{SD,o}$ wirksamen Lichtgeschwindigkeit c die *Temperatur* (die ein drei-dimensionaler, Raum-bezogener Parameter ist) die wesentliche Rolle zum Erreichen des quantisierten Zustandes des zwei-dimensionalen Elektronengases spielt, theoretisch erfasst durch die Gleichungen (17) - (24). So wurde im Kapitel 4, *Teil I,* anhand von (17) gezeigt, dass die *Wien'*sche Verschiebungskonstante derjenige Faktor ist, anhand dessen die Verbindung zwischen dem QHE und der Temperatur dokumentiert wird. Diese Tatsache ist es, die es erlaubt den Zusammenhang zwischen dem QHE und der Wärmestrahlungstheorie, d.h. dem *Wien'*schen Verschiebungsgesetz, aufzudecken und somit die Verknüpfung zwischen der Wärmeenergie und dem drei-dimensionalen Raum zu begründen.

Die theoretische Entschlüsselung des QHE beruhte auf der Anwendung des Vereinheitlichungsmodells, definiert durch (10a,b) im *Teil I.* Die Folge dieser Vereinheitlichung war die Formulierung einer neuartigen, d.h. transformierten Form der Dielektrizitätskonstante des Vakuums ε^*_o , gegeben durch

$$\varepsilon_o^* = a_{G,y} \frac{1}{2\alpha \lambda_C^3} \frac{m_e}{f_C^2} \quad , \tag{10}$$

die für jeden Zustand des Elektromagnetismus seine Gültigkeit behält. Hier ist λ_C die *Compton*-Wellenlänge, f_C die *Compton*-Frequenz, m_e die Ruhe-Masse des Elektrons und $a_{G,y}$ die gravitative Zahl (siehe Gl. (26a) in [3]). Die Gleichung (10) ist ein Ergebnis, welches die Gegebenheiten des Quanten-*Hall*-Effektes [4, 5] reflektiert, dargelegt in *Teil I*.

Die Konstante ε_o^* zeigt, dass die Ausweitung der normalerweise auf den zwei-dimensionalen Raum bezogenen elektromagnetischen Phänomene in den drei-dimensionalen Raum durch die Feinstrukturkonstante α, besser gesagt durch die Konstante 2α, modifiziert ist, d.h. die drei-dimensionale Referenz-Volumenzelle ist laut Gl. (10) korrekter durch $V_{o,x} = 2\alpha \lambda_x^3$ definiert. Diese mittels (10) vorgegebene Festlegung ist die Ausgangsbasis für die Formulierung $V_{o,x}$ in den Gleichungen (5) und (6) der Wärmestrahlung. Die *Schrödinger'*sche bzw. *Heisenberg'*sche Quantenmechanik, die die elektromagnetischen Phänomene im drei-dimensionalen Raum erfasst, ist bekanntlich durch die Aufweichung der Kausalität gekennzeichnet. Daher ist es plausibel zu postulieren, dass die Feinstrukturkonstante, bewertet in (5), (6) und (10) in Form von 2α, und zwar in Verbund mit der Exponentialfunktion in (5), diese Aufweichung der Kausalität *komprimiert* repräsentiert. Berücksichtigend diese Hypothese **ist daher die bemerkenswerte Entdeckung über den *kausalen* Zusammenhang der Feinstrukturkonstante 2*α* mit der Exponential-funktion, gegeben durch die Relation**

$$\exp.\left(\frac{hc}{k\,\lambda_{\max} T}\right) = \exp.(4.23...) = (2\alpha)^{-1} \quad , \tag{11}$$

für die Physik von grundlegender Bedeutung. Das heißt aber auch, dass aufgrund von (11) die Konstante 2α , besser gesagt die Photonen, die gegeben sind durch die Wellenlänge $\lambda_{\max}$, im Rahmen des *Wien*'schen Strahlungsgesetzes den **Limit**-Wert der Exponentialfunktion, d.h. des sog. Wahrscheinlichkeitsfaktors, bestimmen. Anders ausgedrückt: Die Konstante 2α reflektiert das Erreichen der Kausalität. Insofern dürfen wir, gesehen in Bezug auf [6], wiederholt, die außergewöhnliche **These** zum Ausdruck bringen, dass in den *Wien*'schen Strahlungsgesetz-Gleichungen (5) und (6) eine Limitierung *des Erfassens des Wahrscheinlichkeits- bzw. Unschärfe-Zustands durch die Feinstrukturkonstante α vorgegeben ist*. Folglich ist es berechtigt die dimensionslose, universell-konstante Zahl 4.23… , definiert durch

$$const._{caus.} = \frac{h\,c}{k\,\lambda_{\max}T} = \frac{h\,c}{3.40\times10^{-3}\,k} = 4.23... \qquad (12)$$

als einen ***Kausalitätsfaktor*** bzw. als ***Kausalitätszahl*** zu bezeichnen. Demzufolge ist es plausibel die Exponentialfunktion $\exp\frac{h\,c}{k\,\lambda_x T}$ als ***Wahrscheinlichkeitsfaktor*** zu betrachten und die Feinstrukturkonstante in Form von 2α als denjenigen Faktor zu interpretieren, der im Rahmen der Vereinheitlichung des Elektromagnetismus mit der Gravitation die ***Unschärfe*** der elektromagnetischen Phänomene im drei-dimensionalen Raum, und zwar in *konzentrierter* Form, erfasst. Außerdem wird es dadurch evident, dass die Kausalitätszahl (12) die Verknüpfung des *Rayleigh-Jeans*-Strahlungsgesetzes mit dem *Wien*'schen Strahlungsgesetz manifestiert. Sie erfasst somit den Photonen-relevanten Wechsel zwischen der durch kT gegebener statischen Energie und der wellenartigen, dynamischen Energie $h\,f_{\max}$.

Auf Seite 543 und 545 in [1] wurde darauf hingewiesen, dass die experimentelle Bestimmung des *Wien'*schen Strahlungsgesetzes im Bereich außerhalb von λ_{max} mit großen Schwierigkeiten verbunden ist, die höchstwahrscheinlich aufgrund unseres Modells auf die Wirkung des Wahrscheinlichkeitsfaktors zurückgeführt werden kann.

Insgesamt betrachtet dürfen wir die Schlussfolgerung ziehen, dass *der* σ_T*-Verlauf, der die sog. Strahlungsdichte in Abhängigkeit von der Wellenlänge* λ_X *beschreibt, interpretiert werden darf als eine mittels Photonen bedingte Wechselwirkung zwischen Masse- bzw. Teilchenanzahl-Zuständen, wobei diese Gegebenheiten als „Träger" von Wärmequanten wirksam sind, reflektierend den anhand der Gleichungen (1) – (3) postulierten Zusammenhang zwischen der Wärmeenergie kT und dem drei-dimensionalen Raumvolumen*. Daraus folgt, dass die angenommene Existenz der sog. *Brown'*schen Bewegung, die eine Voraussetzung für die klassische Beschreibung der Thermodynamik darstellt, als eine Hypothese aufzufassen ist, die einer strengen physikalischen Analyse nicht stadthalten kann. Daher wird im folgenden Kapitel versucht, die klassische Thermodynamik mit unserer hier vorgestellten neuartigen Beschreibung der Wärme und somit aber auch mit Vorstellungen einer auf das *Avogadro-Loschmidt*-Gesetz bezogenen Quantenzahlen-Physik in Einklang zu bringen.

4. Die neuartige, quantisierte Beschreibung der auf ideale Gase bezogenen Thermodynamik

Um die Hypothese (1) – (3) und auch die als notwendig erachtete Annahme der *quantisierten* Struktur der Photonen- und Wärme-Energie erhärten zu können, wird im folgenden Kapitel eine neuartige, auf ideale Gase bezogene Thermodynamik entwickelt.

Bei auf ideale Gase bezogenen Wärmeprozessen handelt es sich um Vorgänge zwischen Atomen bzw. Molekülen im *drei-dimensionalen* Raum. Um ein quantisiertes Wärmemodell aufbauen zu können, ist es in Hinblick auf die Gleichungen (1) – (3) und auf das *Wien'*sche Verschiebungsgesetz plausibel den auf die *Kausalität* bezogenen $\lambda^3_{\max}$ -Volumenwert als Referenzvolumen V_o heranzuziehen. In Hinblick auf (11) definieren wir daher

$$V_o = \lambda^3_{\max} \quad . \tag{13}$$

Im Einklang mit diesem Ansatz gehen wir weiterhin davon aus, dass die Wärmeenergie kT ein *Energiequantum* darstellt und dass bei Wärmeprozessen der *gleichfalls auf die Kausalität* bezogene, die Wärmeenergie kT reflektierende Referenzdruck p_o gegeben ist durch

$$p_o = \frac{kT}{\lambda^3_{\max}} \quad . \tag{14}$$

Als Folge des in den Gleichungen (13) und (14) postulierten Ansatzes besteht daher die Möglichkeit, die Referenzenergie eines Gas-Systems Q_T anhand einer Referenzgleichung zu beschreiben, gegeben durch

$$Q_{T,o} = p_o V_o = kT \quad . \tag{15}$$

Bei der Definition des Referenzdruckes p_o ist zu berücksichtigen, dass dessen Dimension nicht nur in Form von [$kg\ m^2 s^{-2} / m^3$], sondern auch in Form von [$kg\ m\ s^{-2} / m^2$], d.h. in Bezug auf den Krafteffekt der Photonenstrahlung, interpretiert werden kann. *Die Gleichung (14) des Referenzdruckes p_o ist insofern von außergewöhnlicher Bedeutung, weil sie die Möglichkeit einer direkten Verknüpfung der im Kapitel 2* *dargelegten Beschreibung der Wärmestrahlungsprozesse mit der auf die Gas-Struktur bezogenen Thermodynamik zu erkennen gibt, und zwar anhand der Identität der Formulierung des anhand der Gleichungen (5) und (9) gegebenen $\sigma_{T,\max}$ mit der Formulierung von p_o, gegeben durch die Gleichung (14).*

Die postulierten Referenzgrößen (13), (14) und (15) repräsentieren den *kleinstmöglichen* Wert für die Wärme-bezogenen, bei Gasen gut *beobachtbaren* Größen wie Volumen, Druck und Wärmeenergie. Eine Beschreibung dieser Größen in erweiterter Form ist, unserem Quantisierungsmodell zufolge, anhand von Quantenzahlen gegeben, d.h. die größeren Werte der Volumen V_x , Drucke p_x und Wärmeenergien $Q_{T,x}$ sind mittels der entsprechenden ***Quantenzahlen*** $n_{V,x}$, $n_{p,x}$ und $n_{T,x}$ formulierbar, d.h.

$$V_x = n_{V,x}\, \lambda_{\max}^3 \quad , \tag{16}$$

$$p_x = n_{p,x} \frac{kT}{\lambda_{\max}^3} \quad , \tag{17}$$

$$Q_{T,x} = n_{T,x}\, kT \quad . \tag{18}$$

Die Begründung für diese Form der *quantisierten* Beschreibung der Thermodynamik folgt aus den Erkenntnissen des *Avogadro*-Gesetzes und der *Loschmidt*-Anzahl, siehe dazu die Kapitel 5, 6 und 8.

Wie schon betont wurde, ist laut der postulierten Gleichungen (1) - (3) bei kausalen Verhältnissen die Wärmeenergie in einer *festen Verbindung* mit dem Volumen $\lambda_{\max}^3$ zu interpretieren. Daraus folgt die für die Analyse unseres Models bedeutsame Schlussfolgerung, dass die Identität $n_{V,x} = n_{T,x}$ gegeben sein muss, wobei der Wert $n_{T,x}$ bei gegebener Temperatur mittels des Indexes $_x$ die Größe des betrachteten Volumens reflektiert. Demzufolge dürfen wir statt (16) die folgende Gleichung schreiben:

$$V_{T,x} = n_{T,x}\,\lambda_{\max}^{3}\ . \qquad (19)$$

Das heißt, dass der Druck p_x im kausalen Fall <u>immer</u> durch den in (14) formulierten Referenzdruck p_o gegeben ist.

Hierbei ist zu beachten, dass der Druck p_o das zu dem Referenzvolumen, d.h. zu der Raumzelle $\lambda_{\max}^{3}$ zugehörige Energiequantum kT reflektiert, wobei <u>***das Atom bzw. das Molekül als der „Träger" der Wärmequants kT zu interpretieren ist***</u>, was die quantisierbare Darstellung des Phänomen „Gas" untermauert. Der Druck p_o muss daher *bei jeder Temperatur* als ein ***Limit-Druck*** gedeutet werden. Das heißt, dass bei gegebenem *T* und bei einem Druck der Größe $p_x > p_o$, der in der Gleichung (17) durch $n_{p,x} > 1$ gegeben ist, wir von einer *Wärmequanten-Überbesetzung* der durch die Gleichung (13) definierten **Raumzelle** sprechen müssten, welche in Bezug auf den Wesensinhalt der postulierten Gleichungen (1) – (3) nur durch die in (5) gegeben Exponentialfunktion erfasst werden kann, d.h. eine Überbesetzung kann nur mit einer geringen Wahrscheinlichkeit real werden. Demzufolge müssen wir bei $p_x > p_o$ von einem *festen* bzw. *flüssigen* Körperzustand ausgehen, bei welchem sich die Energiequanten zu größeren Einheiten verbinden können, was andeutet, dass in diesen Fällen die Wirksamkeit *des Elektromagnetismus im Vergleich zur Gravitation* mit steigendem Druck $p_x > p_o$, effektiv *präsenter sein muss*.

Die Gleichungen (13) – (19) sind zur Beschreibung des <u>*Gas-Zustands*</u> formuliert worden. Dabei ist zu beachten, dass laut (14) bei 0 °*C* der entsprechende Druck $p_o = 1.96\times10^{-6}\ at$ sein soll. Dieser Wert entspricht <u>nicht</u> den Randbedingungen, die den *Avogadro-*

Zustand bzw. den Zustand der *Loschmidt*-Anzahl wiederspiegeln würde. Dieser Widerspruch kann ausgeräumt werden, wenn wir uns einer ausführlichen, d.h. theoretischen Beschreibung der *Loschmidt*-Anzahl zuwenden, die die Atom- bzw. Molekül-Anzahl eines idealen Gases im gegebenem drei-dimensionalen Raum repräsentiert.

5. Die theoretische Formulierung der *Loschmidt*-Anzahl N_L

Die *Loschmidt*-Anzahl, die in Hinblick auf die Gegebenheiten des idealen Gases als natürliche, d.h. Quanten-Zahl zu betrachten ist und die experimentell erkundet wurde, gibt an, dass bei der Temperatur von 0 $°C$ und dem atmosphärischen Druck von 1 *at* in einem Volumen von 1 m^3 die Anzahl von

$$N_{L,0°C} = 2.68678 \times 10^{25} \ m^{-3} \qquad (20)$$

Molekülen aufzufinden ist [7]. Wie die Gl. (20) zeigt, ist die Molekülen-Anzahl auf das Volumen 1 m^3 normiert. Diese experimentell erforschte Gegebenheit deutet darauf hin, dass die Annahmen (1) und (3) unseres Modells einen Zugang zur theoretischen Beschreibung der *Loschmidt*-Anzahl N_L ermöglichen könnten. Es besteht nämlich in Hinblick auf die Gleichungen (1), (3) und die in (8) dargelegte *Wien'*sche Verschiebungskonstante die Möglichkeit, die Temperatur-abhängige, auf 1 m^3 bezogene Anzahl N_L durch das bei 273 $°K$ gegebene Referenzvolumen $\lambda^3_{\max,273°K}$ $= 1.93 \times 10^{-15} \ m^{-3}$ zu normieren. Es ist aber eindeutig klar, dass diese $\lambda^3_{\max,273°K}$ Zahl, gesehen in Bezug auf die Gl. (20), zu groß ist. Wie schon im Kapitel 4 erwähnt wurde, müssen wir daher davon ausgehen, dass dieses Referenz-Volumen bzw. die Raumzelle

$\lambda^3_{\max,273°K}$ anhand einer Proportionalitätszahl zu modifizieren ist, die wir im Folgenden durch C_L kennzeichnen werden. Ausgehend von der Annahme, dass auch der *Avogadro*-Gaszustand anhand der Gleichungen (1) – (3) erfasst werden kann, definieren wir daher die *Loschmidt*-Anzahl als Quantenzahl, gegeben mittels der Gleichung

$$N_L = C_L \frac{1}{\lambda^3_{\max}} \quad . \tag{21}$$

In Hinblick auf (13) und (20) muss diese Konstante C_L dimensionslos sein.

Die *Loschmidt*-Anzahl wurde bei 0 °*C* und bei dem atmosphärischen Druck von $p = 1\ atm$ gemessen. Wie schon im Kapitel 4 darauf hingewiesen wurde, ist die Dimension des Druckes durch $[kg\ m\ s^{-2}/\ m^2] = [kg\ m^2 s^{-2}/\ m^3]$ gegeben. Gesehen in Bezug auf (1) ist die Dimension von N_L, gegeben durch m^{-3}, nur dann erreichbar, wenn wir die Temperatur bei der Messung der *Loschmidt*-Anzahl als einen Repräsentanten von einem Wärmeenergiequantum kT betrachten und die N_L-Anzahl als eine Größe interpretieren, die gegeben ist durch die Relation zwischen Druck p und Energie kT. Demzufolge dürfen wir schreiben:

$$N_L = \frac{p}{kT} = \left[\frac{kg\,m\,s^{-2}\,/\,m^2}{kg\,m^2\,s^{-2}}\right] \equiv \left[\frac{1}{m^3}\right] \quad . \tag{22}$$

Das bedeutet, dass jedes Atom bzw. Molekül der *Loschmidt*-Anzahl N_L in einer festen Relation zu dem *Wärmeenergiequantum* kT betrachtet werden muss. Weil aber, wie in den Gleichungen (13) – (15) postuliert und im Kapitel 4 ausführlich diskutiert wurde, jedes Raum-Referenz-Volumen $\lambda^3_{\max}$ in einer festen Verbindung mit einem Energiequantum kT steht, folgt daraus, dass die gesuchte Konstante C_L in der Gl. (21) Temperatur-unabhängig sein muss.

Das *Avogadro*-Gesetz ist als eine fundamentale Aussage zu betrachten, welche auf ein *ideales* Gas bezogen ist. Es beruht auf der Voraussetzung, dass die N_L-Atome- bzw. N_L-Moleküle und somit die C_L-Konstante sowohl von der elektromagnetischen, aber auch von der gravitativen Wechselwirkung zwischen den Atomen bzw. Molekülen *unabhängig* sein müssen, damit sie als Anzahl-Zustand betrachtet werden können. Für den Fall von idealen Gasen dürfen wir davon ausgehen, dass die elektromagnetische Wechselwirkung zwischen den hierbei betrachteten Atomen und Molekülen nicht stattfindet. *In Hinblick auf das dritte Kepler'sche Gesetz*, vor allem auf die Gleichung (4) bzw. (8), *Teil I*, ist im Einklang mit den Schlussfolgerungen des *Teils I* und *II die im drei-dimensionalen Raum verbreitete gravitative Wechselwirkung nur im Rahmen einer zusätzlich notwendigen Wirkung von elektromagnetischen Phänomen präsent.* Die Folge dieser bedeutungsvollen Erkenntnis ist, dass *mit der Annullierung der elektromagnetischen Wechselwirkung, wie sie im Avogadro-Gesetz durch den Bezug auf ein ideales Gas gegeben ist, gleichsam auch die räumliche, d.h. drei-dimensionale gravitative Wechselwirkung verloren gehen muss.*

Abgesehen von dieser Schlussfolgerung ist aber zu beachten, dass die *gravitative* Wechselwirkung, weil sie *nicht abschirmbar* ist, durch die Existenz der Protonenmasse m_p und Neutronenmasse m_n in den Atomen bzw. Molekülen effektiv wirksam vorhandenbleien müsste. Um trotzdem den Verlust der gravitativen Wechselwirkung dokumentieren zu können, wird postuliert, den Faktor C_L in (21) durch die folgende dimensionslose, Temperatur-unabhängige Transformationszahl

$$C_L = \left(\frac{m_p + m_n}{m_e}\right)^3 = 4.963\times10^{10} \tag{23}$$

anzugeben, wobei hier in (23) m_e die Ruhemasse des Elektrons ist. Es ist leicht zu erkennen, dass der $\left(\frac{m_p + m_n}{m_e}\right)$- Faktor die Annullierung der elektromagnetischen Wechselwirkung des Atoms bzw. Moleküls signifiziert, der, weil auf Massen bezogen, als ein ein-dimensionaler Effekt zu betrachten ist. Da es sich bei der Annullierung der gravitativen Wechselwirkung um einen Effekt im drei-dimensionalen Raum handelt, muss der Faktor bei Volumenbetrachtungen, wie in (23) formuliert, als *Kubus* gesetzt werden. Das bedeutet, dass für die Atome bzw. Moleküle des idealen Gases ***bei der Benützung der postulierten Gleichung (23) eine anhand der der Gleichung (21) gültige Beschreibung der Transformation vom elektromagnetisch-gravitativen Wechselwirkungszustand in einen reinen Teilchen-Anzahl-Zustand vorgegeben ist.***

Wir erhalten demzufolge für die elektromagnetisch-gravitativ-freien Teilchen den auf 1 m^3 normierten Anzahlwert N_L

$$N_L \;=\; \left(\frac{m_p + m_n}{m_e}\,\frac{T}{3.40\times 10^{-3}}\right)^3 \;=\; 1.2626\times 10^{18}\; T^3\;\; m^{-3} \tag{24}$$

als theoretisch formulierte Repräsentation der *Loschmidt*-Anzahl. Das bedeutet, dass die N_L- Gleichung (24) bei der Temperatur von 273 °K die auf das Volumen von 1 m^3 normierte Quanten-Zahl

$$N_{L,273^\circ K} \;=\; 2.573\times 10^{25}\;\; m^{-3} \tag{25}$$

ergibt. Es ist leicht erkennbar, dass *dieser anhand der dargelegten theoretischen Überlegungen erhaltene Wert nicht nur größen-ordnungsmäßig, sondern bis auf 4,4 % sogar zahlenmäßig in sehr guter Übereinstimmung mit dem von Joseph Loschmidt experimentell erkundeten Wert ist, siehe Gleichung (20),* [2].

Es muss hervorgehoben werde, dass die größenordnungsmäßige Übereinstimmung von 10^{25} m^{-3} zwischen der theoretisch bestimmten Teilchenanzahl N_L und dem experimentell erkundeten Wert N_L als ein überzeugender Beweis für die Richtigkeit der postulierten fundamentalen Annahme (1), d.h. $T = [m^{-1}]$, zu bewerten ist. Die zahlenmäßige Abweichung des theoretisch berechneten Anzahl-Wertes pro m^{-3} der Gleichung (25), gesehen in Bezug auf den in der Gl. (20) angegebenen experimentellen Wert N_L von nur 4.4 % , kann als ein Resultat der *Wechselwirkung* zwischen dem angenommenen absolut-kausalen quantisierten Zustand des Gases und dem Zustand eines festen Körpers gedeutet werden. Wir dürfen daher berechtigt davon ausgehen, dass *der Faktor* $\left(\frac{m_p + m_n}{m_e}\right)^3$ *die Eigenschaft hat, nicht nur die elektromagnetische, sondern im drei-dimensionalen Raum auch die gravitative Wechselwirkung zwischen den Atomen und Molekülen zu annullieren.*

6. Die Applikation der N_L-Anzahl auf die neuartige Beschreibung der Thermodynamik und der Vergleich mit den Gegebenheiten der Erdatmosphäre

Die im Kapitel 4 dargelegte Analyse bezüglich der Quantenzahlen $n_{V,x}$ und $n_{p,x}$ weist darauf hin, dass die Anzahl von Teilchen in einer Relation zu der Volumenzelle $\lambda_{\max}^3$ aufgefasst werden kann. Demgegenüber offenbart die im Kapitel 5 dargelegte theoretische Beschreibung der *Loschmidt*-Anzahl, gegeben durch (24), dass die Anzahl der *gravitationsfreien* Moleküle in einer Relation zu einer Volumenzelle der Größe $C_L^{-1}\lambda_{\max}^3$ betrachtet werden muss. Daraus folgt, dass *der sog. Loschmidt-Anzahl-Zustand nur dann als Avogadro-Zustand betrachtet werden kann, wenn bei einem Druck p_x in Hinblick auf die Gleichung (17) eine solche spezifische Atom- bzw.*

Molekül-Teilchen-Anzahl vorhanden ist, die es erlaubt, bei der gegebenen Temperatur den Faktor C_L als Quantenzahl zu betrachten, und zwar indem wir $n_{T,x} = n_L \equiv C_L$ setzen. Das wiederum bedeutet, dass wir den <u>*kritischen Zustand des idealen Gases*</u> *statt mittels p_o mittels p_L definieren müssen.* Mathematisch ausgedrückt heißt das, dass der *Loschmidt-Anzahl-Zustand* N_L nur bei einem *spezifischen*, Wärmeenergie bezogenen Druckwert p_L gegeben sein kann, definiert durch

$$p_L = n_L \frac{kT}{\lambda_{\max}^3} = C_L \frac{kT}{\lambda_{\max}^3} = \left(\frac{m_p + m}{m_e}\right)^3 \frac{k}{\left(3.40 \times 10^{-3}\right)^3} T^4 \quad . \tag{26}$$

Anhand der Gleichung (26) erhalten wir für den Gravitation-unabhängigen Zustand der Atome bzw. Moleküle bei der Temperatur von $T = 0\ °C$ einen Gas-Druck von $p_L = 1.0\ atm$, der in Einklang mit der experimentellen Randbedingung des N_L-Zustandes steht und somit offenkundig macht, dass wir die Gleichungen (13) – (19), die im Rahmen der Beschreibung des Schwarzen Körper-Effektes formuliert wurden, auch zur Beschreibung des *Avogadro*-Gaszustandes anwenden können. Das wiederum bedeutet, dass bei einem Druck der Größe $p_x > p_L$, der bei gegebenem T mittels $n_{p,x} > n_L$ beschrieben werden kann, wir von einer Wärmequanten-*Überbesetzung* der Raumzellen $C_L^{-1} \lambda_{\max}^3$ sprechen müssen, was, wie schon im Kapitel 4 diskutiert wurde, in Bezug auf (1) – (3) und (5) nur mit einer gewissen Wahrscheinlichkeit gegeben sein kann. Demzufolge müssen wir annehmen, dass sich bei $p_x > p_L$, und zwar bei gegebenem *T*, die Energiequanten zu größeren Einheiten verbinden müssen, was darauf hinweist, dass bei $p_x > p_L$ die Wirksamkeit des Elektromagnetismus und der Gravitation, wie sie z.B. bei dem strahlenden Schwarzen <u>Festkörper</u> gegeben ist, effektiv präsent sein muss. Demgegenüber ist bei $p_x < p_L$, d.h. bei $1 < n_{p,x} < n_L$, bei gegebenem T die Anzahl der zur Verfügung stehenden Energiequanten des Gases zu klein, um von einer durch n_L vorgegebenen Vollbesetzung der gegebenen Raumzellen der Größe $C_L^{-1}\lambda_{\max}^3$ ausgehen zu können. Das bedeutet, dass wir bei $p_x < p_L$ demzufolge in dem auf das *Avogadro*-Gas bezogenen, d.h. Teilchen-Anzahl-Modus bleiben. In diesem Zustand dürfen wir die Atome bzw. Moleküle, wie schon angedeutet wurde, als fast völlig von Gravitation unabhängige Teilchen betrachten, was heißt, dass, bedingt durch die Beschreibung von C_L anhand der Gleichung (23), die sog. Avogadro-Gas-Teilchen in einer Art Schwebezustand vorzufinden sind. Die Formulierung (24), und zwar gesehen gemeinsam mit der Gleichung (26), ist daher als Formulierung eines *Gas-Limit-Zustandes* zu betrachten.

7. Experimentelle Erkenntnisse

Diese theoretischen Erkenntnisse stehen im Einklang mit den Beobachtungen, welche an der *Erdoberfläche* durchgeführt werden. So z.B. bei einem atmosphärischen Tiefdruck haben wir tiefe Temperaturen, bei Hochdruck dagegen werden hohe Temperaturen beobachtet. Auch ist auf der ganzen Erde bekannt, dass nachmittags, wenn die Sonnenbestrahlung abnimmt, wegen $p_x > p_L$, d.h. bei dem Vorgang der Reduzierung der Temperatur, sich die Wahrscheinlichkeit der Wolkenbildung erhöht, und bei einer stärkeren Abkühlung sogar Regen entstehen kann. Diese Übereinstimmung zeigt, dass *die Temperatur und der Druck diejenigen Größen sind, die angeben, bei welchen Randbedingungen der Atom- bzw. Molekül-Wechselwirkung entweder die Elektromagnetismus- und Gravitation-bezogene Physik oder die Teilchen-Anzahl-Physik angewandt werden muss*.

Wie schon im Kapitel 5 darauf hingewiesen wurde, kann daher *die Übereinstimmung der auf der Erdatmosphäre gemessenen Daten mit* *denen anhand der Gleichung (26) berechneten als eine Verifizierung sowohl der in (1) postulierten Hypothese $T \propto (m)^{-1}$, als auch der theoretischen Beschreibung der Loschmidt-Anzahl N_L bewertet werden.* Da, wie gezeigt, an der Erdoberfläche speziell diejenigen Verhältnisse vorherrschen, die mit den Vorgaben der N_L-Grenzwertsituation im Wesentlichen übereinstimmen, wird es verständlich, warum *Joseph Loschmidt* experimentell den N_L-Wert, und zwar bei 0 *°C,* so gut erkunden konnte. Außerdem ist es bemerkenswert, dass an den Oberflächen von Himmelskörpern, die dem N_L-Wert nicht entsprechen, eine Entfaltung von organischen Strukturen nicht zu beobachten ist. ***Es ist daher berechtigt zu vermuten, dass das Vorhandensein der N_L-Grenzwertsituation an der Oberfläche von jeglichen Planeten eine notwendige Voraussetzung für die Existenz von hoch komplexen organischen Strukturen ist.***

8. Diskussion zum Modell der Vereinheitlichung zwischen der klassischen Thermodynamik und der neuen, quantisierten Beschreibung der Wärmeprozesse

Ein Vergleich der in den Kapiteln 4 - 6 präsentierten neuartigen Wärmetheorie mit dem klassischen thermodynamischen Modell führt uns zu folgenden Klarstellungen:

Die zur Beschreibung des klassischen Wärmemodells benützte Größe wie Temperatur T wird in der neuartigen Beschreibung der spektralen Strahlung ersetzt durch die Größe m^{-1}, was zur Formulierung der von dem *Wien'*schen Verschiebungsgesetz abgeleiteten, Temperatur abhängigen Größe „Volumenzelle $\lambda_{\max}^3$" führt. Diese Annahme, die im Kapitel 2 ausführlich diskutiert und auf die experimentellen Gegebenheiten appliziert wurde, ist die theoretische Ausgangsbasis für das Erfassen der Verknüpfung der

Temperaturstrahlung mit der klassischen Thermodynamik. Sie ermöglicht den für ideale Gase so bedeutsamen Parameter Druck p anhand der als Referenzgröße definierten Relation zwischen dem Wärmeenergie-Quantum kT und der Volumenzelle $C_L^{-1}\lambda_{\max}^3$ zu formulieren, und zwar in quantisierter Form. *Die quantisierte Form der Druckdefinition ist insofern von großer Bedeutung, weil sie alle thermodynamischen Vorgänge einzig und allein mit Photon-Effekten in Verbindung setzt und gleichsam eine Brücke zu dem Avogadro-Loschmidt-Gesetz schlägt.* Eine Analyse der klassischen Beschreibung der isochoren, isothermen, adiabatischen und isobaren Zustände von idealen Gase und des *Carnotischen* Kreisprozesses [8] führt uns zu der Erkenntnis, dass die in der klassischen Thermodynamik eingeführte Größe „*Innere Energie U*" notwendig ist, um ein Beschreibung der Wärme-Transferprozesse zwischen dem Schwarzen Körper und den optischen Signalempfängern zu ermöglichen. Hierbei ist es evident, dass der Wärme-Transferprozess abhängig ist von dem energetischen Wärmezustand des quasi idealen Gases. Dieser Vermittlerprozess des Gases, welcher, wie in den Kapiteln 2 – 6 beschrieben, anhand des *Rayleigh-Jeans-* und *Wien'*schen-Strahlungsgesetzes erfasst wird, basiert in seinem Wesen auf der *kausalen Verbindung* von Wärmeenergie-Quanten *kT mit den drei-dimensionalen Raumzellen* $C_L^{-1}\lambda_{\max}^3$, erfahrbar als Wärme. Diese neuartige Beschreibung der Kategorie „Wärme" wird im *Teil IV* einer ausführlichen Analyse unterzogen.

In Anlehnung an dieses Raum-Wärmeenergie-Modell kann außerdem vermutet werden, dass der Hintergrund für die Existenz der Gegebenheit der *Entropie*, energetisch bewertet, die räumliche Anbindung der festen bzw. flüssigen Umgebung an den Zustand „Gas", und zwar in Form des *Wien'*schen Strahlungsgesetzes, darstellt, und demzufolge die Gegebenheit der exponentiellen Form des Wahrscheinlichkeitseffektes den Entropie-Effekt wiederspiegelt.

Zum Abschluss des Vergleichs zwischen der für Gase formulierten klassischen Thermodynamik und der Temperaturstrahlung gelangen wir zu der Feststellung, dass die in der klassischen Thermodynamik als notwendig erachteten Annahmen einerseits der Existenz der sog. *Brown'*schen Bewegung und andererseits der Formulierung der Temperatur als absolut unabhängigen, freien Parameter ersetzt werden müssen durch die experimentell erkundeten Gegebenheiten der Temperaturstrahlung, erfasst anhand des *Wien'*schen Strahlungsgesetztes, des *Rayleigh-Jeans*-Strahlungsgesetzes und des *Wien'*schen Verschiebungsgesetzes, wobei als Ausgangsbasis davon auszugehen ist, dass bei der Beschreibung dieser Prozesse die Dimension der Temperaturgröße [°*K*] durch die Raum-bezogene Dimension [m^{-1}] zu ersetzen ist und somit das Energiequantum *kT*, kausal an das Raumquantum $\lambda^3_{\max}$ geknüpft, als *Funktionseinheit* zu betrachten ist, wobei die Verbreitung der Wärmeenergiequanten durch Photonen zu deuten ist.

9. Schlussfolgerungen

Es wurde gezeigt, dass die Verknüpfung der Temperaturstrahlung mit der quantisierten Thermodynamik auf vier Annahmen beruht:

1) Die Temperaturgröße hat die Dimension m^{-1}. Die Folge dieser Annahme führt zu der Hypothese, dass die *auf die Strahlungsenergie bezogenen Wärmeenergiequanten in einer festen Verbindung zu dreidimensionalen Raumelementen-Quanten* zu betrachten sind, repräsentiert sowohl durch das *Wien'*sche-, als auch durch *Rayleigh-Jeans*-Strahlungsgesetz.
2) Die *Wien'*sche Verschiebungskonstante, gemeinsam mit der Planck-Konstante *h*, mit der Boltzmann-Konstante *k* und der Lichtgeschwindigkeit *c* reflektiert den Wert der Feinstrukturkonstante α (auch Kopplungskonstante genannt). Die Abweichung der Strahlungswellenlänge λ_x vom $\lambda_{\max}-$Wert erfasst mittels der Exponentialfunktion des *Wien'*schen

Strahlungsgesetzes die im drei-dimensionalen Raum gegebene Wahrscheinlichkeit des $\lambda_x -$ Strahlungsvorgangs.

3) Die kausale Anbindung des *Wien'*schen Strahlungsgesetzes an das *Rayleigh-Jeans*-Strahlungsgesetz wird durch das Temperatur-abhängige Wellenlänge-Maximum des spektralen Strahlungsverlaufs $\lambda_{\max}$ wiedergegeben.
4) Bei Temperaturen $T < 10^6\ °K$ ist im Bereich um $\lambda_{\max}$ von einem Mischzustand zwischen dem *Wien'*schen- und *Rayleigh-Jeans*-Strahlungsprozess auszugehen, um den auf Abb.1 und Abb.2 erkennbaren kuppelartigen Kurvenverlauf der spektralen Strahlung deuten zu können. Diese kuppelartige Form ist als Grund für die Differenz zwischen dem experimentell von *W. Wien* gefundenen Verschiebungskonstante-Wert 2.89×10^{-3} und dem anhand der Feinstrukturkonstante theoretisch abgeleiteten Wert 3.40×10^{-3} zu deuten.

Ausgehend von diesen vier experimentellen Gegebenheiten und Annahmen wurde eine Basis für eine neuartige, und zwar *quantisierte* Beschreibung von auf ideale Gase bezogenen thermodynamischen Prozessen vorgestellt. Es wurden Werte für das Referenzvolumen, für den Referenzdruck und für die Referenzenergie angegeben. Dieses Modell resultiert in der Feststellung eines spezifischen, temperaturabhängigen Druckwertes, welcher es erlaubt eine Limit-Grenze zwischen dem auf den Elektromagnetismus- und Gravitation-bezogenen *Festkörper-Zustand* auf der einen Seite, und dem *Teilchen-Anzahl-Zustand* auf der anderen zu ziehen.

Um diese Erkenntnis mit experimentellen Ergebnissen in Einklang bringen zu können, erwies es sich als notwendig, eine theoretische Beschreibung der *Loschmidt*-Anzahl N_L anzustreben, die, weil auf ideale Gase bezogen, eine uf den drei-dimensionalen Raum normierte *Quantenzahl* ist. Die in dieser Arbeit vorgestellte theoretische Formulierung der von *Joseph Loschmidt* experimentell erkundeten

Quanten-Zahl N_L offenbarte, dass zusätzlich zu dem temperaturabhängigen Raumelementen-Quantum $\lambda_{\max}^3$ der Faktor C_L für die N_L-Größe mitbestimmend ist. Es wurde gezeigt, dass dieser C_L-Faktor die Bedeutung der im drei-dimensionalen Raum gegebenen Annullierung des Gravitationseffektes bei Atomen und Molekülen hat, was als Begründung für die Existenz des *Avogadro*-Gesetzes betrachtet werden kann. Dieser Faktor C_L ist durch die Relation zwischen der Masse des Protons bzw. Neutrons und der Masse des Elektrons gegeben. Die Plausibilität des vorgestellten Modells konnte anhand der bekannten Gegebenheiten der Erdatmosphäre verifiziert werden.

In Hinblick auf die Erkenntnisse, dargelegt in den Kapiteln 2 – 6, und auf die Gleichung (26) kann abschließend die bedeutsame Vermutung geäußert werden, dass *die Existenz von hoch komplexem, organischem Leben im Kosmos nur durch den spezifischen Wert dreier transzendenten Universal-Zahlen, gegeben durch die Gleichungen (8) , (11) und (12), garantiert zu sein scheint*. Weitere Hinweise dazu werden im *Teil IV* dargelegt.

Literatur

[1] Vogel H.: „Gerthsen Physik“, Lehrbuch, Berlin 1997, Springer, Seite 193 und 543-546.

[2] Mende D., Simon G.: „Physik. Gleichungen und Tabellen“. Fachbuchverlag Leipzig, Hanser-Verlag München, 2013, Seite 405.

[3] Dorda G.: „The Unification of Electromagnetism with Gravity, the Interpretation of Three-Dimensional Space and Time, and the Philosophical Consequences”, Schriften der Sudetendeutschen Akademie der Wissenschaften und Künste, Band 34, München 2014, Seite 153.

[4] von Klitzing K., Dorda G., Pepper M.: New method for high-accuracy determination of fine-structure constant based on quantized Hall resistance. Phys.Rev.Lett. 1980; 45, pp 494-497.

[5] Prange R.E., Girvin S.M.: The Quantum Hall Effect. Berlin, London, New York, Tolyo: 1987 Springer.

[6] siehe [3], Seite141 – 162, bzw. Seite 156 und 161.

[7] siehe [2], Seite 393

[8] siehe [2], Seite 134 – 142.

Teil IV

Das Wesen der Kategorie „Wärme“ und die Aussagen über den Kosmos

Die im *Teil III* aufgezeigte Möglichkeit der Verknüpfung der klassischen Thermodynamik mit der Strahlungstheorie beruht auf der Hypothese, dass die Temperatur als eine inverse Größe der Länge mit der Dimension $[m^{-1}]$ aufzufassen ist. Diese Annahme führte zu einer neuartigen Formulierung des *Wien'*schen Strahlungsgesetzes, dargelegt mittels der Gleichung (5). Die Hypothese $T = [m^{-1}]$ folgend ist es möglich geworden, das *Avogadro*-Gesetz und die *Loschmidt*-Anzahl N_L *theoretisch* zu erfassen. Von diesem Erfolg getragen verfestigte sich die Vorstellung, dass die Wärme eine fundamentale Größe ist, die als Verbindung von Ein-Dimensionalität mit der Zwei-Dimensionalität zu verstehen ist, ergänzt durch die These, dass *die Wärmeenergie immer Raum-bezogen, d.h. in einer festen Verbindung mit dem drei-dimensionalen Raum aufzufassen ist.* Dieses Modell kann als eine Analogie zu den raumbezogenen Interpretationen von Gravitation und Elektromagnetismus gedeutet werden. Denn in den *Teilen I – III* , durchwegs begründet und experimentell verifiziert, wurde postuliert, dass das *Wesen der Gravitation* in der untrennbaren, d.h. *kausalen* Verknüpfung von Masse (und somit auch der Elektron-Masse) mit der *ein-dimensionalen* Form des Raumes zu interpretieren ist, dagegen das *der kausalen elektromagnetischen Phänomene und der Zeit* durch die kausale Verbindung der Ladung des Elektrons mit der *Zwei-Dimensionalität* des Raumes zu betrachten ist.

In diesem Zusammenhang gesehen ist von grundlegender Bedeutung die Erkenntnis der Limitierung der QHE- und Pendel-Zeit-Phänomene durch die Lichtgeschwindigkeit c . Diese Beobachtung offenbart, dass der Elektro-magnetismus und die Gravitation sowohl im Zustand der Differenzierung, gegeben z.B. beim QHE und Pendeleffekt, als auch im Zustand deren Verwobenheit – und zwar wegen der immer gültigen Konstanz von c – auch *immer unvereinbart* bleiben müssen. Diese Tatsache deutet an, dass deren Verbindungs-Wechselwirkung nur in Form von Photonen, d.h. letztlich in Form von „Wärme“, (die immer präsent ist), gegeben sein kann. Daraus folgt, dass wegen der Unvereinbarkeit des Elektromagnetismus mit der Gravitation, d.h. wegen der grundsätzlichen Unvereinbarkeit der Ein-Dimensionalität mit der Zwei-Dimensionalität, ein auf deren Verbindung, und zwar in Form einer auf der räumlichen Drei-Dimensionalität beruhender, eigenständiger Zustand gegeben sein muss, der bekannt ist als Wärme. Denn ausgehend von den Gleichungen (1), (5), (7), (8), (11) und (12) des Teils III wird es einleuchtend, dass die Vermittlerrolle der Photonen nur mit der auf die Drei-Dimensionalität bezogenen Größe, genannt „Wärme“, in Einklang gebracht werden kann. Dieses Modell kann anhand des Wien´schen Strahlungsgesetzes, diskutiert im Teil III, bestätigt werden.

Wie gezeigt wurde, ist bei dem *Wien*´schen Strahlungs-Zustand nur bei

$$\lambda_x T \equiv \lambda_{\max} T = 3.40... \times 10^{-3} \tag{1}$$

der Kausalitätszustand vorgegeben, resultierend in der Wärme-Raum – Kopplungsgleichung der Form $\sigma_T = kT / \lambda^3_{\max}$. Die Gleichung (1) ist ein Gesetz, das sog. *Wien*´sche Verschiebungsgesetz, welches, wie gezeigt, es ermöglichte, die kausale Abhängigkeit des QHE von der Temperatur zu dokumentieren und somit zur vollständigen Deutung der QHE-Phänomene beizutragen. Die Gleichung (1) zeigt, dass eine durch die Lichtgeschwindigkeit c bedingte, auf die Temperatur bezogene Limit-Frequenz $f_{T,o}$ definierbar ist, die gegeben ist durch $f_{T,o} = 3.40 \times 10^{-3} f_C = 4.20 \times 10^{17}\ Hz$, wobei die Limit-Temperatur T_o durch $T_o = 1.40 \times 10^9\ °K$ gegeben ist. Im Rahmen dieser Überlegungen wurde im Kapitel 4, *Teil I,* gezeigt, dass ausgehend von (1) eine für den QHE charakteristische Limit-Temperatur T_{QHE} vorgegeben ist, bedingt durch den Limit-Strom $I^*_{SD,\max} = m_e f_C$, welcher gleichfalls anhand der Licht-geschwindigkeit c limitiert ist. Mittels der Gleichungen (17) – (19) im *Teil I* wurde offenkundig, dass diese Limit-Temperatur auf der Erdoberfläche gegeben ist durch $T_{QHE,Erde} = 3.40 \times 10^{-3} (a_G \lambda_C)^{-1} = 0.973\ °K$, was tatsächlich durch die experimentellen Daten des QHE kausal bestätigt wurde. Demzufolge dürfen wir, alle Argumente aus den *Teilen I – III* bewertend, abschließend feststellen, dass ***die Existenz der Photonen*** *(die durchwegs mit der Lichtgeschwindigkeit c in Verbindung gesetzt werden)* ***zu betrachten ist als ein mittels der Gleichungen (1), (5), (9) und (12) dokumentierter Hinweis auf die Existenz einer auf den drei-dimensionalen Raum bezogenen eigenständigen Größe, genannt „Wärme.***

Die notwendige Voraussetzung für dieses Modell ist die Existenz von lokalisierten Zuständen, die als Träger bzw. Vermittler des drei-dimensionalen Raumes, d.h. als Träger der Kategorie „Wärme" wirksam sind. Das wiederum heißt, dass nur dort, wo Atommasse- bzw. Teilchenanzahl-bezogene Gegebenheiten vorhanden sind, dort auch Wärme ist und daher nur dort dreidimensionaler Raum vorhanden sein kann. Es ist evident, dass diese neuartige Deutung des Raumes dem von ***René Descartes*** prädestinierten, rein mathematisch orientierten Modell widerspricht, d.h. es wird im Rahmen dieser Arbeit durch ein physikalisches, auf der Kategorie „Wärme" beruhendes und somit auf Photoneneffekte bezogenes Modell ersetzt.

Zusammenfassend die neuartigen Erkenntnisse aus den *Teilen I – IV* kann daher die bedeutsame Schlussfolgerung gezogen werden, dass die irrationalen Zahlenwerte der ***Feinstrukturkonstante (137.036…)$^{-1}$***, gemeinsam mit der ***Kausalitätszahl 4.23… und der Wien'schen Verschiebungskonstante*** **3.40…$\times$10^{-3}** ***als fundamentale Basis für die Beschreibung der Masse-Raum-Zeit-Struktur des Kosmos*** betrachtet werden können. Denn, wie leicht zu erkennen ist, jegliche Abänderung der Werte dieser drei Zahlen führt zu einer wesentlichen Abänderung der auf den Größen $\lambda_{G,y}$ und c beruhenden Masse – Raum – Zeit – Verbindungsstruktur des Kosmos. In diesem Zusammenhang gesehen ist zu beachten, dass *der wegen der Dimensionslosigkeit transzendente Charakter dieser drei universalgültigen Zahlen auf einen philosophischen, besser gesagt theologischen Hintergrund des Seins hinweist.* Diese Schlussfolgerung steht im Einklang mit der vor vielen Jahren dargelegten Aussage von **Richard P. Feynman** (1918 – 1988), formuliert in seinem weltbekannten Buch „QED – Die seltsame Theorie des Lichts und der Materie", Piper, München, 1990. Dort schreibt er auf Seite 148:

„ *…Die Feinstrukturkonstante* ***(137.036…)$^{-1}$*** *… ist eine magische Zahl, die das menschliche Erkenntnisvermögen übersteigt, als wäre sie von der Hand Gottes geschrieben, und wir wissen nicht, wie Er den Bleistift führte.*"

Diese bedeutsame Aussage über die Feinstrukturkonstante ist auch auf die Kausalitätszahl 4.23 … und auf die *Wien'*sche Verschiebungskonstante in Form von $3.40...\times10^{-3}$ anwendbar, d.h. auf ***alle drei transzendente Zahlen, die für die Struktur des Universums bestimmend sind***. Diese drei Zahlen, die sich auf das *Wien'*sche Strahlungsgesetz beziehen, repräsentieren, wie im *Teil III* dargelegt wurde, die Unschärfe und die Wahrscheinlichkeit der Prozesse, d.h. deren a-Kausalität, wogegen das *Rayleigh-Jeans* Strahlungsgesetz reflektiert Prozesse, die als kausale Vorgänge betrachtet werden können. Demzufolge dürfen wir den aufsteigenden Teil des σ_T - Verlaufs auf der Abb.2 wegen des Bezugs auf die a-Kausalität als die

Basis von „Transzendenz"- bezogenen Prozessen bewerten, demgegenüber dessen absteigenden Teil als die Basis von kausalen Ereignissen, d.h. als Basis von sog. „Wissenschafts"- bezogenen Vorgängen betrachten. ***Daher gelangen wir abschließend zu der Aussage, dass die Strahlungsintensitäts-Kurven σ_T vs. λ als ein physikalischer Hinweis auf die Gegebenheit von sowohl kausalen als auch von transzendenten Prozessen im Kosmos zu deuten sind.*** Diese Feststellung macht aufmerksam auf die nicht zu übersehende Bedeutung der Fundamentalphysik hinsichtlich philosophischer und auch wissenschaftlich-theologischer Überlegungen über Randbedingungen und Sinnigkeit des Seins.

Danksagung

Ich bin *Prof. Dr. Walter Hansch*, Professor an der Universität der Bundeswehr München, für seine wertvollen Kommentare wie auch für die Förderung dieses Forschungsthemas sehr dankbar. Weiterhin bin ich dankesschuldig den Herren *Antonius Dorda*, Universität Graz, *Franz Wittmann*, Techn. Universität München und *Torsten Sulima*, Universität der Bundeswehr München, für die vielfältigen Hinweise und Bemerkungen. Vielen Dank gehört auch *K. Bächle* für die technische Anfertigung der Abbildungen. Dankbar bin ich vor allem meiner Frau *Anna*, die meine zeitweise geistige Abwesenheit tapfer ertragen hat.